# 基于时空关联规则推理的 LBS 隐私保护研究

张海涛 著

U0351027

科 学 出 版 社

北 京

# 内 容 简 介

本书面向位置服务应用中的隐私及安全问题，提出了基于对等防御策略与动态感知技术对抗基于时空关联规则推理攻击的 LBS 隐私保护方法。主要内容包括：基于时空 K-匿名的隐私保护，匿名集时空关联规则的概率化挖掘，基于匿名集序列规则转移概率矩阵的多步推理，动态感知敏感时空序列规则的在线匿名方法，实验结果与分析等。

本书面向的读者对象为 GIS 专业及相关专业的高年级本科生或研究生以及从事 LBS 相关应用开发和技术研究的工程技术人员。

**图书在版编目（CIP）数据**

基于时空关联规则推理的 LBS 隐私保护研究/张海涛著. —北京：科学出版社，2016.11

ISBN 978-7-03-050680-1

Ⅰ. ①基… Ⅱ. ①张… Ⅲ. ①地理信息系统-研究 Ⅳ. ①P208

中国版本图书馆 CIP 数据核字（2016）第 276877 号

责任编辑：周 丹 曾佳佳 / 责任校对：王 瑞
责任印制：张 倩 / 封面设计：许 瑞

科 学 出 版 社 出版

北京东黄城根北街 16 号
邮政编码：100717
http://www.sciencep.com

三河市骏杰印刷有限公司 印刷

科学出版社发行 各地新华书店经销

\*

2016 年 11 月第 一 版 开本：720×1000 1/16
2016 年 11 月第一次印刷 印张：8 3/4 插页 2
字数：180 000

定价：69.00 元
（如有印装质量问题，我社负责调换）

# 序

　　随着大数据、物联网、移动互联网以及云计算等高新技术的发展,"智慧城市"建设已成为国家经济发展的重要战略。作为智慧地球的重要组成部分,智慧城市在数字城市基础框架上,通过物联网、移动互联网将现实世界和数字世界进行有效融合,感知现实世界中人、物和现象的状态及其变化。由云计算中心进行的海量数据的处理、复杂模型的计算、城市系统运行的控制,为城市的规划、建设、管理工作提供了各种智能化服务。

　　数据是智慧城市建设的核心,是现实世界的数字化描述,是人类认识、理解和表达城市的经验浓缩。在云计算与大数据技术支撑下对智慧城市所需要的、所产生的数据进行收集与分析,可以产生更多的商业价值、情报价值,甚至是军事价值。正因数据的重要价值,决定了信息安全管理是智慧城市建设的一个关键环节。由于智慧城市构建在感知层、网络层、数据层、应用层为架构的总体参考模型上,以开放、互联、协同、创新为特性,使得当前信息安全问题非常严峻、挑战十分巨大。

　　以地理信息为核心的位置服务(LBS)是智慧城市建设与应用服务的重要内容,具有"移动"(mobile)"位置"(local)"社会"(social)(简称"SoLoMo")显著特性。"移动"特性体现在新的移动设备、移动定位以及移动互联技术上,侧重于对于位置数据的获取。"位置"特性体现在针对服务内容的位置发现、精确定位以及基于位置服务内容的过滤与推荐上。"社会"特性体现在基于位置的社交网络、社会计算以及社会感知上,侧重于对与位置相关的数据挖掘与知识的发现以及知识的服务。"SoLoMo"数据涉及很多个人隐私问题,更涉及国家安全战略的重要内容。因此,针对位置数据与位置相关内容服务中的隐私以及安全保护问题的研究,已经引起了各国政府和科技界的高度重视。

　　南京邮电大学张海涛博士的科研团队在国家自然科学基金项目、江苏省自然科学基金项目、社会发展项目的资助下,开展了 LBS 应用中的个人隐私以及安全问题的探索研究。通过研究国内外系列相关隐私与安全法律法规以及技术方法,针对 LBS 系统动态服务的特性以及 LBS 应用对于数据可用性与安全性平衡设计的要求,提出了基于时空关联规则推理,利用对等防御策略和动态感知技术的 LBS 隐私保护方法。该书从理论分析、方法设计、算法实现以及性能测试等方面系统地介绍了他们的研究成果,丰富了隐私保护理论方法,对 LBS 安全系统构建和更广泛的安全应用具有重要的实践价值。

闫国年

虚拟地理环境教育部重点实验室

（南京师范大学）

2016 年 9 月

# 前　言

　　关于地理信息涉及隐私的问题，早在 1993 年即由著名地理学家 John Pickles 在其书 *Ground Truth：The Social Implications of Geographic Information System* 中提出："虽然从理论上说是用 GIS 可以达到任何目的，但事实上，为了达到某个目的而使用 GIS 可能涉及伦理问题或是个人隐私"[1]。随着移动计算、无线通信、地理信息系统等技术的发展与相互融合，基于位置的服务（location-based service，LBS）成为多学科领域研究的热点。其以普适场景感知[2]（where、who、what、when，4W）、智能信息处理为特征，在智能交通、环境监测、物联网等领域迅速得到应用，并为这些行业带来了巨大的经济效益[3, 4]。但近年来发生的一系列位置隐私泄露事件，使得 LBS 隐私保护成为公众关注的焦点[5, 6]。隐私保护也成为 LBS 进一步深入发展亟待解决的关键问题[7-9]。

　　标识隐私、位置隐私以及查询隐私是 LBS 的主要隐私类型，前两者与后者结合可分别产生具有较大威胁性的位置标识隐私与查询标识隐私。早期的 LBS 隐私保护研究主要集中在标准规范与法律法规的制定，但由于存在不够灵活和滞后于技术发展等问题，国内外学者近年来主要侧重于研究隐私保护技术，且已取得了重要进展[10-14]。主要的技术方法包括直接去标识、使用假名、标识与查询内容相分离、基于密钥技术的安全多路计算[15]、基于假位置[16-18]、基于 Hilbert 曲线的空间转换[19-24]以及 PIR 技术[25-28]等。但是，Gruteser 等提出的基于时空 K-匿名的 LBS 隐私保护方法[29]（以下简称时空 K-匿名），以匿名查询数据集（以下简称匿名集，anonymous set，AS）真实可用、方法实现简洁灵活以及更适合 LBS 移动计算环境等特点，成为近年来研究的主流方向[30, 31]。

　　时空 K-匿名在 LBS 快照查询的扩展研究，主要包括：查询标识隐私的增强性保护[32]、隐私保护级别的灵活设定[32, 33]、多模式查询的隐私保护[34, 35]、空间网络[36]与分布式传感网络的隐私保护[37-45]等。但由于只考虑单次查询，这些方法容易遭受基于空间邻近匿名集关联的位置隐私攻击。前人提出了以匿名集与匿名区域对等为限定条件的保护方法，并针对基于查询内容异质性的标识隐私攻击[46-48]，Hasan 和 Ahamed 还进一步提出了 s-proximity 的保护方法[48]。不同于快照查询，LBS 连续查询通常指由同一用户连续两次或多次提出、查询内容相同或者高度相关的位置服务查询。针对 LBS 快照查询匿名集的关联攻击防护方法[46-48]，并不能应用于连续查询，会带来位置隐私与查询标识隐私的泄露[49-58]。前人分别提出利用初始匿名集生成连续查询期间所有匿名集的 Memorization 方法与 plain KAA 方法[50, 51]，但这两种方法均又存在随着匿名集时空区域的扩展与收缩，相应带来位置服务 QoS 下降与位置隐私暴露的问题。Chen 等进一步提出，在连续查询过程中，动态利用新出现、时空邻近的移动对象进行匿名集生成的 advanced KAA 方法[51]，但是这种方法会回归到面临查询标识隐私攻击的问题。Pan 等提出通过对查询请求者当前位置、速度、方向等参数进行分析，基于对未来运动信息预测生成匿名集的方法，该方法实现了位置隐私与查询标识隐私的同时保护[52]。

但是，上述针对匿名集关联攻击的保护方法，本质上属于小时空范围的方法：Hasan 和 Ahamed 对时空邻近的匿名集生成设置对等限定条件[48]，Pan 等基于运动模型预测生成匿名集的方法也只适合地理环境简单的小时空范围[52]。

在 LBS 实际应用系统中，应用服务器会记录、存储大时空尺度历史匿名数据集，通过关联分析可以发现反映 LBS 匿名查询的共性特征的行为模式，基于这些行为模式可为 LBS 的资源优化管理、个性化服务配置等应用提供支持。但是，当 LBS 应用服务器为不可信时，或者 LBS 应用服务器出于商业目的将其收集的大量的时空 K-匿名数据集非法售卖给其他不可信机构时，攻击者基于用户的行为模式也可以对用户的隐私进行推理攻击。显然，攻击者基于这些模式规律的攻击，能够突破上述基于小时空范围数据的推理攻击分析而设计的隐私防护方法。同时，基于模式规律的推理攻击因为可以提供更多的预测功能，其对用户隐私的攻击也更具有威胁性。因此，LBS 匿名服务器记录、存储匿名集，先于 LBS 应用服务器对大时空范围匿名集数据进行离线挖掘与基于挖掘结果的隐私推理攻击分析，并基于分析结果进行在线时空 K-匿名方法的优化设计，是应对此类攻击的一种可行方案[59, 60]。目前，国内外尚未有直接针对这一问题的研究成果，本书即重点论述这种隐私保护方法。

时空信息是匿名集数据的重要特征，时空关联规则是隐藏于匿名集数据中的主要知识形式[61]。其既是匿名集数据分析者借以提供智能服务的基础，也是攻击者对 LBS 用户的隐私进行推理攻击分析的关键。基于匿名集时空关联规则的挖掘、推理分析与攻击防护可以借鉴移动对象数据的相关研究成果。基于移动对象数据时空关联规则的推理分析主要集中在移动通信、智能交通等领域。移动通信领域从移动用户在蜂窝网络的运动轨迹中挖掘时空关联规则，通过基于规则的时空预测进行位置管理、呼叫控制管理、软切换以及资源预留等应用的辅助决策[62-67]。在智能交通领域主要从道路网络的车载 GPS 轨迹中挖掘时空关联规则，并通过基于时空关联规则的预测进行城市交通规划、实时交通导航等应用辅助管理[68-72]。移动对象数据的推理攻击防护主要集中在隐私感知的知识共享领域[73]，数据重构是其基本的实现模式。围绕数据重构前后敏感规则完整隐藏且代价最小的优化目标，前人开展了系列研究[74-78]。

　　但是，移动对象数据的时空关联规则挖掘、推理分析以及敏感规则隐藏的方法，并不能直接应用于具有 LBS 系统中的匿名集数据。针对基于匿名集时空关联规则的推理分析与攻击防护，需要解决以下两点关键问题。

　　问题 1：针对匿名集概率化、泛化特性的时空关联规则挖掘与推理分析

　　传统的时空关联规则挖掘与推理方法主要针对移动对象数据，但匿名集数据与移动对象数据具有显著的不同特性：匿名集中的时空信息与请求标识信息均具有泛化、随机特性[79, 80]。在匿名集时空关联规则挖掘，基于时空关联规则的推理攻击及相应防护方法设计等环节，都要考虑匿名集数据的泛化、随机特性，而有针对性地设计时空关联规则支持度、置信度以及推理分析准确度的量化表达方法。

　　问题 2：动态感知敏感时空关联规则的匿名保护

　　传统的敏感时空关联规则隐藏方法主要针对移动对象数据的单次、批量、离线方式的数据共享发布应用，采用直接去除相关数据与数据空间转换的数据重构方式[81]。但是，这种方法并不直接应用于匿名集时空关联规则的隐藏。主要原因是：LBS 应用中的时空 K-匿名隐私保护主要采用基于可信服务器的分布式架构[82,83]，运行在可信服务器上的匿名保护方法需要面对长期、连续、在线的位置服务请求。匿名集数据的实时更新，使得针对移动对象数据采用数据重构策略的直接去除相关数据的方法，会随着时空关联规则的动态更新逐步失效。采用数据重构策略的数据空间转换的方法，既不符合 LBS 在线服务请求的性能需求，还会使得 LBS 应用服务器无法直接提供涉及真实地理空间运算的位置服务。因此，需要研究能够动态感知敏感时空关联规则推理攻击的匿名保护方法。

　　本书结合作者承担的国家自然科学基金青年基金项目（41201465，基于大时空范围 LBS 匿名集的推理攻击及隐私保护方法研究）、江苏省自然科学基金青年基金项目（BK20124395，对抗基于时空关联规则推理隐私保护研究）、江苏省社会发展项目（BE2016774，电信大数据中面向社会公共安全管理的敏感移动性知识的隐私设计方法研究）的研究成果，重点阐述采用概率统计的理论与方法、多样化增强与渐进式隐藏的方法对上述两个关键问题的解决过程。研究成果对于实现 LBS 位置隐私的增强性保护，推动 LBS 的深入发展与广泛应用、丰富地理数据挖掘以及地理信息安全等领域的研究内容与理论方法具有一定的价值。

　　本书共包括 8 部分内容，其主要内容如下。

　　（1）前言。介绍了本书研究内容的相关背景、研究意义、解决问题的基本思路以及本书章节的组织安排等。

　　（2）绪论。介绍了 LBS 的基本概念、LBS 应用中的主要隐私问题以及传统的 LBS 隐私保护方法，并对标识隐私保护方法、基于位置的重标识攻击以及防护方法进行了重点论述。

　　（3）基于时空 K-匿名的隐私保护。介绍了时空 K-匿名的基本原理、系统架

构以及快照查询与连续查询中具体的时空 K-匿名实现方法。分析了通过对匿名结果的内容进行关联的同质性与异质性攻击问题，并给出了相应的防护方法。分析了通过对快照查询和连续查询的匿名结果进行空间关联，对用户的标识隐私以及位置隐私进行推理攻击问题，并给出了相应的防护方法。提出了现有的防护方法存在的问题。

（4）匿名集时空关联规则的概率化挖掘。首先，介绍了挖掘方法涉及的相关概念。然后，给出了挖掘方法的基本定义和算法实现，并通过具体的实例分析算法实现的过程。最后，提出直接使用匿名集时空关联规则进行预测的问题。

（5）基于匿名集序列规则转移概率矩阵的多步推理。首先，给出了构建马尔可夫链、数据归一化处理、构建 $n$ 步转移概率矩阵等数据预处理的方法。其次，设计了概略 $n$ 步预测与精确 $n$ 步预测的实现方法。再次，介绍了基于位置预测功能进行位置推理攻击的方法。最后，对应对推理攻击的传统方法的缺点进行了分析。

（6）动态感知敏感序列规则的在线匿名方法。首先，介绍了对等防护策略的系统架构，以及离线挖掘、在线应用的动态防护模式。然后，给出了方法的实现流程以及相应的实现算法。最后，通过具体的实例分析算法实现的过程。

（7）实验结果与分析。包括实验数据的模拟、序列规则挖掘实验及结果分析、多步预测实验及结果分析，以及动态感知匿名实验及结果分析。

（8）结论与展望。对本书的主要内容进行总结，并对今后的研究方向进行展望。

本书面向的读者对象是：地理信息系统专业、通信与计算机相关专业的高年级本科生或研究生，以及从事 LBS 相关应用开发以及技术研究的工程技术人员。

在本书的撰写过程中，张海涛博士的研究课题组的刘钊、朱云虹、武晨雪、汪佩佩、陈泽伟等研究生参与了部分章节的图表制作、文字校对等工作，在此表示深深的谢意！本书在编写过程中得到了科学出版社的大力支持，周丹编辑做了大量的工作，使本书得以顺利出版，在此一并表示衷心的感谢！

本书涉及知识领域广泛，而今科学技术发展日新月异，由于时间和水平有限，书中难免有疏漏和不足之处，敬请读者批评、指正！

张海涛

2016 年 9 月

# 目　　录

# 1 绪　　论

## 1.1　LBS 的基本概念

近年来，地理信息技术与移动通信技术、定位技术等的发展和互相融合，促进了位置服务（location-based service，LBS）的发展。位置服务以普适场景感知（where、who、what、when，4W）、智能信息处理为特征，在智能交通、环境监测、物联网等领域迅速得到应用，并为这些行业带来巨大的经济效益，也逐渐成为人们生活中不可或缺的一部分。

LBS 又称定位服务，是由移动通信网络和卫星定位系统结合在一起提供的一种增值服务，是集成移动通信网络资源和地理信息资源的新颖业务形式。LBS 内容主要体现在以下两个方面：①确定用户或者移动设备所在的地理位置；②提供与位置相关的各类信息服务。LBS 通过一种或多种混合定位技术获得移动终端的位置信息（如经纬度坐标数据），并提供给移动用户本人或他人以及通信系统，以实现各种与位置相关的服务。目前，LBS 的应用随处看见，例如，通过电子地图查找附近的餐厅、酒店等，道路导航以及微信等社交网络平台提供的就近交友服务、打车软件等。

从移动终端应用的角度划分，LBS 的服务模式分为推模式和拉模式（图 1.1）。

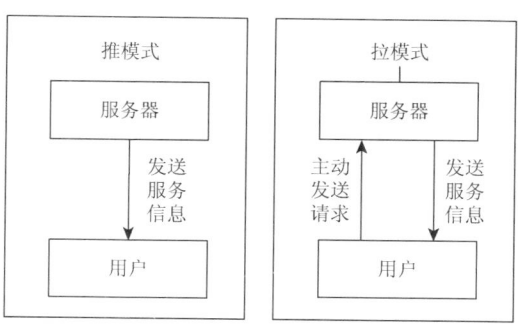

图 1.1　LBS 系统应用示意图

推模式意味着用户接收代表其位置的信息，并不必主动提出请求。信息会被自动发送给授权同意的用户（例如基于订阅的恐怖袭击警报系统）或未经授权同意的用户（例如一个用户进入新的城市时收到的欢迎消息）。推模式需要服务器对用户的位置进行实时（定期）的跟踪[4]。

拉模式与推模式相反，是用户主动提出请求，这种情况下，请求信息通过网络提供给服务提供商。这些信息可以使用基于位置的增强服务（例如查找最近的电影院）。拉模式的典型应用是基于位置的信息查询服务，基于查询内容是否具有一致性，分为快照查询与连续查询[9]。LBS 快照查询服务请求的形式化定义为：

**定义 1.1** $LSN = \{u, (x, y, z), c, t\}$ 表示 LBS 用户提出的一个快照查询服务请求。其中，$u$ 表示 LBS 用户的标识号；$(x, y, z)$ 表示 LBS 用户提出服务请求时所处的空间位置坐标；$c$ 表示提出服务请求的内容；$t$ 表示提出服务请求的精确时间。

LBS 连续查询服务请求的形式化定义为：

**定义 1.2** $LCS = \{u, (x, y, z), c, t, \partial_t, \partial_s, \Delta_t, \Delta_s\}$ 表示 LBS 用户提出的一个连续查询服务请求。其中，$u, (x, y, z), c, t$ 与快照查询中对应参数具有相同的表达；$\partial_t$ 表示连续查询中包含的连续两次快照查询之间时间间隔的最小阈值；$\partial_s$ 表示连续查询中包含的连续两次快照查询之间空间距离的最小阈值；$\Delta_t$ 表示连续查询中包含的第一次快照查询和最后一次快照查询之间时间间隔的最大阈值；$\Delta_s$ 表示连续查询中包含的第一次快照查询和最后一次快照查询之间空间距离的最大阈值。小于最小阈值第二次快照查询不发生，而大于最大阈值则整个连续查询服务停止。

LBS 系统结构包括移动终端、通信网络、定位系统和 LBS 服务提供商 4 个部分。用户使用移动终端通过定位系统获得位置信息。位置信息、查询内容、用户身份标识合并为查询请求信息，并发送给 LBS 服务提供商，LBS 服务提供商将查询结果反馈给移动用户。LBS 系统结构如图 1.2 所示。

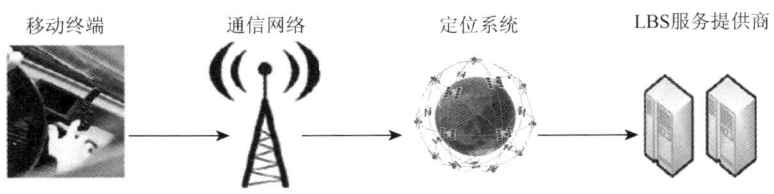

移动终端　　通信网络　　定位系统　　LBS服务提供商

图 1.2　LBS 系统结构

随着 LBS 的深入发展和广泛应用，LBS 大规模的部署产生越来越多的具有时空属性的移动对象数据，表现移动对象数据的一个典型方法是轨迹。许多研究者致力于移动对象轨迹的索引、查询与数据挖掘，通过对移动对象轨迹数据的挖掘分析，可以发现研究者感兴趣的行为模式以应用于新型的移动应用。例如，在智能运输系统、车辆管理等应用中，研究者收集流动的汽车数据（例如跟踪交通工具的位置），可用于挖掘交通模式、识别密集区域（道路、交叉口等）、预测交通拥塞等。而通过对驾驶者的周期移动模式（在相似的时间内走过的相似路径）的数据挖掘，还可以实现个性化的情境感知服务[84]。

## 1.2  LBS 的隐私问题

隐私是个体资料或者信息中，人们不愿意被外人知道或了解的资料。在数据挖掘领域，隐私一般被分成两类：一类是个人隐私，另一类是公有隐私。个人隐私主要指不愿意被收集、发布的原始个人数据，如用户账号、密码、身份证号、医疗信息等。公有隐私指不为个体所拥有，反映一类人或事物的共同信息或模式，例如团体的企业的经营行为、团体的社会活动等。共同隐私通常只有使用数据挖掘工具才能获取。隐私保护的目标是通过对原始数据进行处理，同时实现个人隐私与共同隐私的保护。

在 LBS 服务中，客户端用户直接向应用服务器提交个人标识信息、精确的地理位置和时间信息以及相应的查询内容[34, 35]。对应于 LBS 服务的拉模式与推模式，应用服务器基于这些信息可以了解到某人（who）、在何时（when）、何地（where），提出过何种类型的查询（what）（LBS 查询应用），或者是某人（who）、在何时（when）、处于何地（where）（LBS 跟踪应用）等信息[85]。在两种应用模式中的信息交换中所涉及的隐私类型分为：标识信息以及敏感信息。标识信息指用户的名称、身份证等唯一标识用户的信息。敏感信息指用户的位置信息、时间信息以及查询请求内容信息。通常，客户端用户非常不希望将他们确切的位置披露给不受信任的服务提供商。例如，2009 年苹果用户体验报告表明，LBS 服务用户关注位置隐私，并希望自己控制位置信息，警惕任何对隐私的侵犯。

此外，在 LBS 应用中，查询信息在收集、传输、存储以及应用分析的整个过程中都可能因技术安全漏洞、管理不善等原因，而产生信息泄露问题。图 1.3 中给出了各个阶段的隐私泄露风险及相应的隐私保护手段。本书所关注的 LBS 隐私保护隶属于数据发布阶段，需要采用信息泛化技术。

在数据发布阶段，隐私攻击者（例如不可信的服务提供商）通过对其获取的大量用户查询信息的分析，可以得到用户频繁出现的空间区域以及在不同区域之间运动的时空规律。将这些频繁的空间区域和时空规律与开放的公共空间数据资源相关联，可获取用户更多的隐私敏感信息。例如，当频繁的空间区域和时空规律与私人住宅、办公区域有空间交集时，攻击者可以了解到用户的家庭住址和办公住所等信息，而当频繁的空间区域和时空规律与某家医院某个科室、某个政治场所相关联时，攻击者即可对用户的健康状况、政治倾向等敏感信息进行推断。这些敏感隐私信息的泄露可能导致用户日常生活中经常收到推销或者诈骗电话，甚至可能使用户受到恶意攻击者的人身骚扰和人身攻击，严重威胁用户的安全[9]。

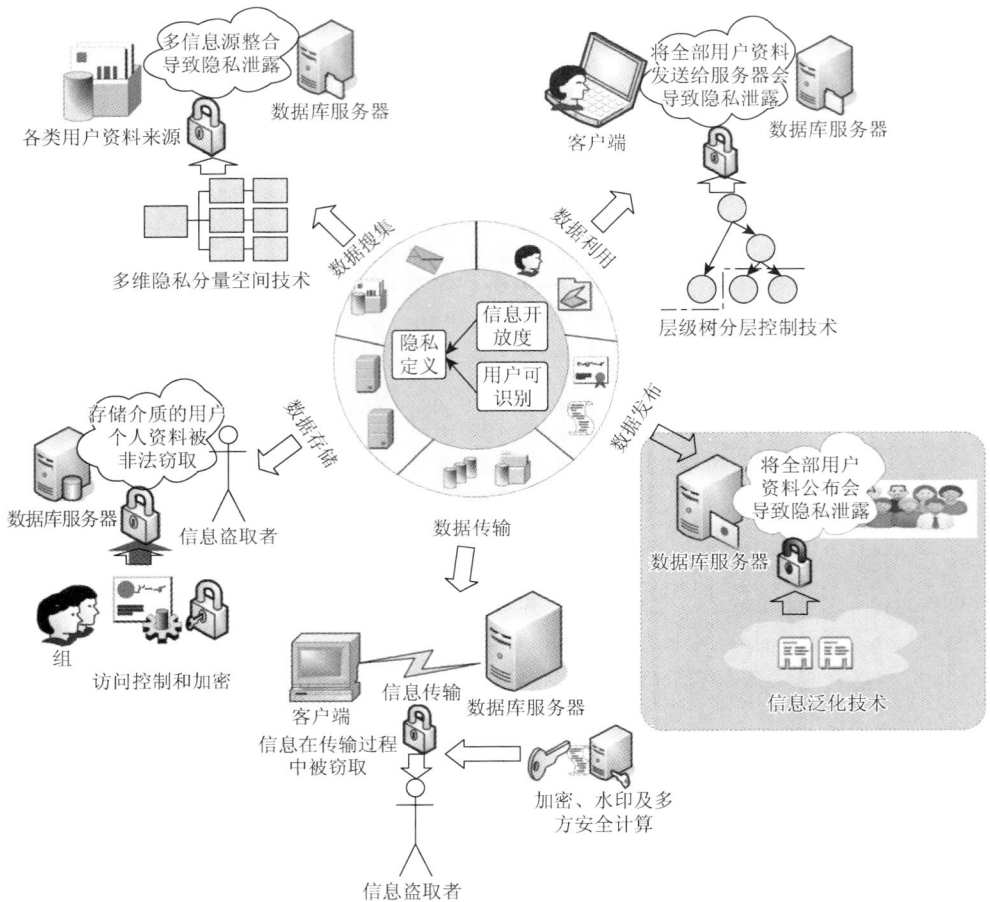

图 1.3　数据收集和利用的各个阶段的隐私泄露风险及相应的隐私保护手段

信息泛化技术的研究重点是如何在充分保证数据隐私的前提下实现数据可用性的最大化。如果数据发布者对数据的隐私保护力度不够，数据中蕴含的隐私信息就会泄露，从而造成对公众、企业和国家的威胁。但是，对数据如果过分保护会导致数据信息损失过大，也严重损害数据的可用性，从而导致数据挖掘结果不可用[86]。

## 1.3　LBS 隐私保护方法

### 1. 法律法规的约束

隐私保护的一种常用手段是通过制定相关法律法规约束敏感数据的使用[87-93]。

通过法律法规和行业自律，实现隐私的保护。但是，依赖于法律法规以及行业自律方法，存在不够灵活与滞后于技术发展的问题，而且以法律规则为主导的保护无法根据具体的应用恰当地把握数据保护的程度，从而打击了行业发展的积极性，妨碍了经济发展；而以行业自律为主导的保护如果不具备有力的保障手段和监督及执行措施，难以达到隐私保护的目的。由于通过法律法规保护隐私的局限性，因此，依靠技术手段和工具来保护隐私的要求日益凸显[94]。

2. 传统的技术方法

由于数据收集和利用的各个阶段都存在隐私泄露的风险，因此，研究人员提出了种类繁多的隐私保护手段。目前，已有很多针对 LBS 应用的隐私保护研究，在现有的研究成果中，隐私保护方法大致可以分成两类：一类是标识隐私的保护，也即把用户的标识隐私隐藏起来，使得攻击者无法识别用户的标识信息，从而不能把用户和其所处的位置信息进行关联；另一类是位置隐私的保护，也即提供给服务器的不是用户真实具体的位置信息，而是虚假的位置或者是包含用户所在位置的粗粒度的空间区域。接下来，我们分别从标识隐私的保护、基于位置的重标识攻击以及防护 3 个方面进行说明。

## 1.3.1  标识隐私保护

标识信息隐私是 LBS 隐私的主要类型，为应对基于标识隐私的攻击，一些学者提出了直接去除标识、使用假名以及标识与内容相分离的方法[15, 95]。直接去除标识和使用假名方法的共同特点是：用户提交给的服务器信息，将不包含真正的标识信息。从 LBS 查询请求信息（或者提交的 GPS 轨迹信息）中直接去除标识，是避免精确标识攻击的一种最直接方法。假名技术使用难以被推理的 ID（一个假名）替代用户的标识信息。标识与内容相分离的方法，则通过阻断个人标识信息与提交查询请求的内容信息、所处空间位置、时间信息之间的关联关系实现相应的隐私保护，该种方法主要采用分布式技术实现[96]，如图 1.4 所示。

图 1.4 中的分布式架构包括移动终端（MT），通信服务器（CS）以及应用服务器（TSP）。其中，通信服务器（CS）由通信服务提供商负责管理，其职责包括负责网络连接与用户认证，但其不能获取经过加密处理的信息；移动终端（MT）的位置（或/和位置服务查询的内容以及时空信息）。应用服务器（TSP）由第三方应用商提供，其从通信服务器（CS）接收加密数据、解密后进行相应的处理运算，然后将相应的运算结果通过通信服务器（CS）传回给移动终端（MT）。在实际应用中，通信服务提供商与第三方应用提供商之间签订商业协议，以法律的形式规定，双方绝不会相互串通、交换超过架构界定的涉及用户隐私的敏感信息。

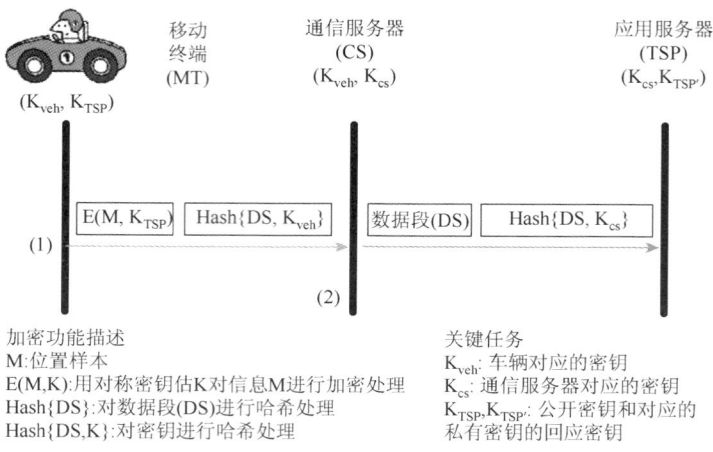

图 1.4　哈希函数与内容相分离的分布式架构

## 1.3.2　基于位置的重标识攻击

但是上述基于直接去除标识、使用假名或者标识与内容相分离的方法，对于用户隐私的防护效果并不显著。攻击者通过对 LBS 查询请求中包含时空信息以及查询请求内容的分析，仍可以实现对用户标识隐私的重新识别，简称重标识。

由于 LBS 查询请求中包含的特定、敏感的时空信息及模式，在某种程度上可以充当用户的准标识，攻击者通过对这些信息的分析可对 LBS 查询用户进行重标识。Krumm 给出了利用 LBS 用户轨迹与周边环境、建筑物的关联分析，并利用互联网上公开的个人信息对 LBS 用户进行重标识的过程[97]。通过对 172 个用户 2 周以上的轨迹信息进行聚类分析，推理预测用户家庭住址，并进一步识别用户真实身份的方法，具体过程包括数据预处理与数据分析两个阶段[97]。

### 1. 数据预处理

（1）为每个用户创建带有时间属性的经纬度信息表（表 1.1），并对其中数据按时间先后进行排序。

表 1.1　经纬度信息表数据结构

| 用户 id | 精度 | 纬度 | 时间 |
|---|---|---|---|
| | | | |

（2）LBS 用户轨迹的拆分：从每个用户的带有时间属性的经纬度信息表中，

查找时间间隔超过 5 分钟的连续的两个轨迹点，并依据这两点将原有轨迹拆分成两条轨迹。其中，前一点作为上一条轨迹的终点，而后一点作为下一条轨迹的起点。每一条分离的轨迹，其最后一个点通常为用户的其中一个目的地，用户的家庭住址就位于目的地的分布之中。

（3）LBS 用户轨迹的筛选：具体的筛选条件包括：轨迹至少由 10 个不同的 LBS 用户轨迹点组成；轨迹的范围跨度大于 1km；轨迹需要包含运动速度超过 25mi/h[①]的片段。其中，前 2 个条件主要用于剔除随机停车时带来的扰乱轨迹，第 3 个条件通过速度限定来剔除行人和自行车的轨迹。

## 2. 数据分析

John Krumm 使用 last destination、weighted median、largest cluster 和 best time 4 种启发式算法分别从拆分后的 LBS 用户轨迹终点中，寻找用户的家庭住址。4 种启发式算法的基本原理分别是：

（1）last destination 的原理：用户每天的最后一个轨迹点很可能就是用户的家庭住址；

（2）weighted median 的原理：通常大部分用户在家庭住址的时间会比在其他地方的时间长；

（3）largest cluster 的原理：LBS 用户轨迹点，通常在家庭住址附近位置出现的最多；

（4）best time 的原理：图 1.5 是权威部门调查统计的用户在家时间概率分布情况表，从中可以看出用户在家的最大概率时段分布，在最大概率时段用户所处的位置是用户家庭住址的概率也最大。

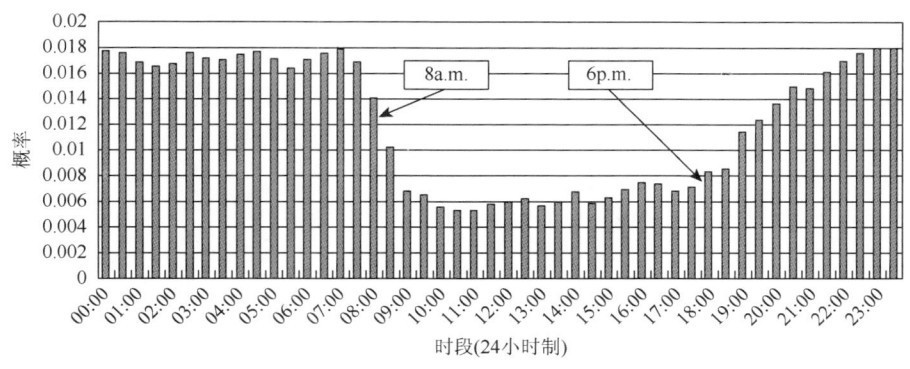

图 1.5　多时段用户在家概率分布图

---

① 1mi≈1.61km。

最后，基于对用户家庭住址的识别结果，通过使用互联网上免费的地址反向查询服务，可实现对用户最终真实身份的识别。

### 1.3.3　基于位置重标识攻击的防护

为防止基于位置重标识攻击，国内外学者分别从降低数据精度与阻止数据连接两个方面研究了一系列的防护方法。

1. 降低数据精度

主要方法包括：降低数据采集频率（dropped samples）、增加噪声数据（noise）、绕行（rounding）以及空间隐藏（spatial cloaking）等方法。在实际应用环境中，这些保护方法通常都在移动终端上完成，以避免攻击者在传输过程中对原始数据的窃听。

1）降低数据采集频率

Hoh 发现，如果将 LBS 用户轨迹数据的采样间隔从 1 分钟降低到 4 分钟，家庭地址的识别率就会从 85%减少到 40%[98]。

2）增加噪声数据

可以通过简单地在经度、纬度、高程等维度上随机增加噪声矢量为 LBS 用户轨迹点增加噪声数据。噪声数据的分布可以是 $n$ 维正态分布（0，$\sigma^n$）。实验表明，噪声数据的添加，在一定程度上会对重标识攻击产生影响。图 1.6 为 LBS 用户原始轨迹数据与增加噪声数据后的结果对比。

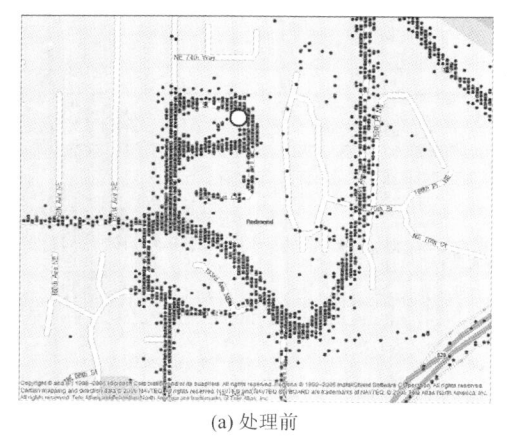
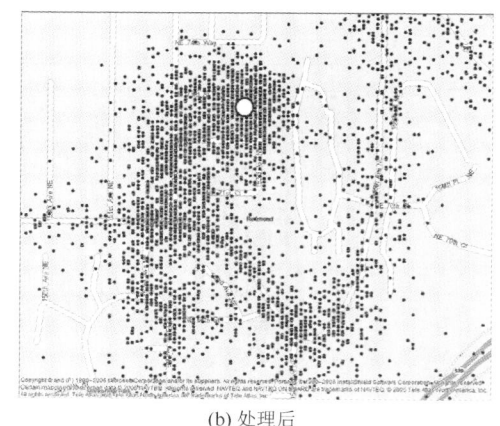

(a) 处理前　　　　　　　　　　　　　　　　　(b) 处理后

图 1.6　LBS 用户原始轨迹数据与增加噪声数据对比图

3）绕行

该方法首先采用一系列固定边长（Δ米）的方格，对 LBS 用户轨迹数据所处的地理空间区域进行划分。然后，把 LBS 用户每个轨迹点归并到最邻近方格的顶点。数据处理前后的结果对比如图 1.7 所示。

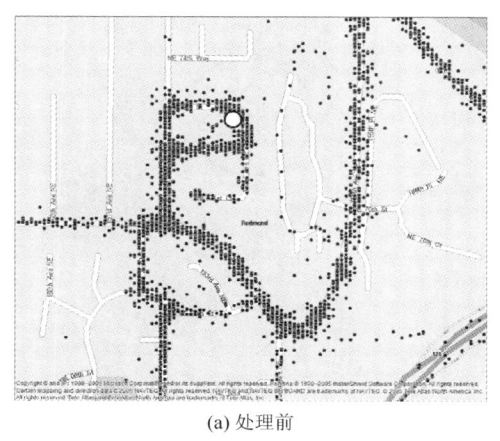 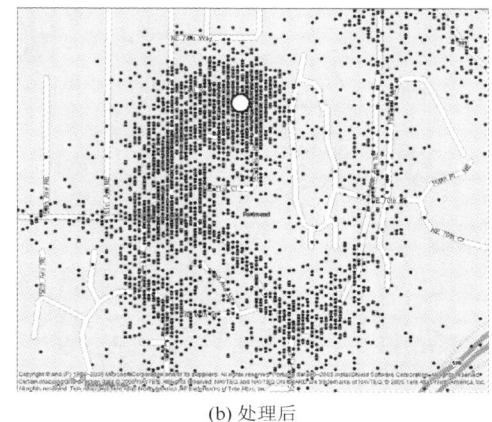

(a) 处理前　　　　　　　　　　　　　　(b) 处理后

图 1.7　LBS 用户原始轨迹数据与 rounding 处理数据对比图

4）空间隐藏

最简单的处理方法是删除以用户家庭住址为中心，某一半径范围圆形区域的 LBS 用户轨迹数据。但是，善于几何学的攻击者，可以基于圆形半径，得到代表用户家庭住址的圆心位置。

为此，John Krumm 提出改进的方法：首先，以用户家庭住址为圆心画半径为 $r$ 的一个小圆。然后，在小圆区域内随机选取一点作为圆心，再以 $R$（$R>r$）为半径再画一个大圆。基本原理如图 1.8 所示。

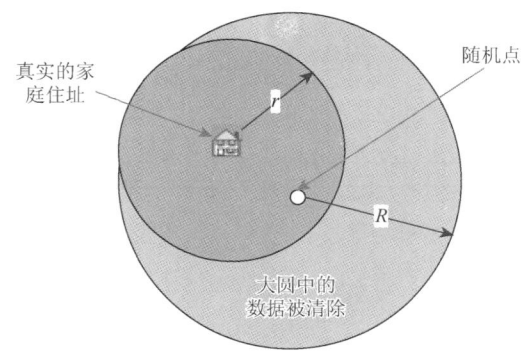

图 1.8　空间隐藏基本原理图

最后，删除大圆范围内 LBS 用户所有的轨迹点数据。将该方法应用于所有的 LBS 用户，通过删除用户家庭住址周围范围的 LBS 用户轨迹数据，可以避免对用户家庭位置的攻击。数据处理前后的结果对比如图 1.9 所示。

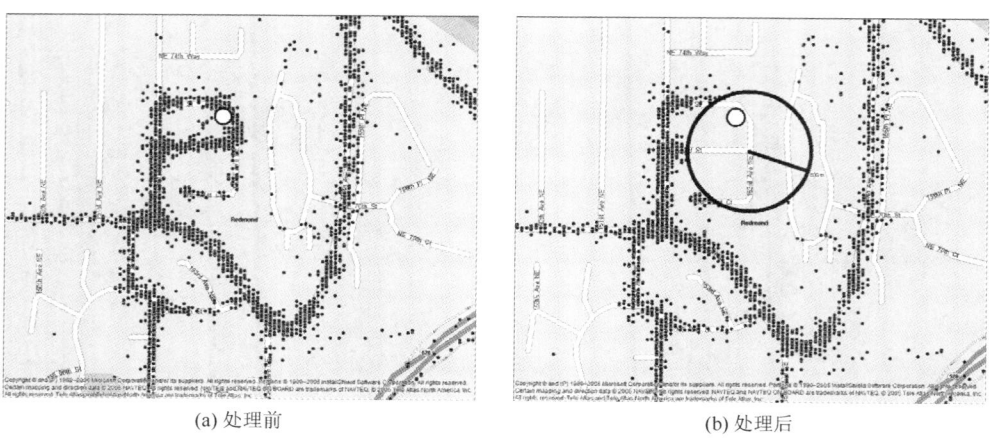

(a) 处理前　　　　　　　　　　　　　　　(b) 处理后

图 1.9　原始 GPS 轨迹数据与空间隐藏处理数据对比图

### 2. 阻止数据连接

Alastair R. Beresford 和 Frank Stajano 借鉴计算机匿名通信中 mixer 算法思想，提出了在特定空时区域动态交换假名标识的 mix zone 方法[99]。mix zone 方法的基本实现原理如图 1.10 所示。一个 mix zone 被定义为不提供 LBS 服务的一个空间区域。当同一 mix zone 中存在多个 LBS 用户时，他们彼此进行假名交换，当他们离开这个 mix zone 时，以新的假名身份使用 LBS 服务，这样就会使得攻击者很难建立进出 mix zone 的 LBS 用户的连接。

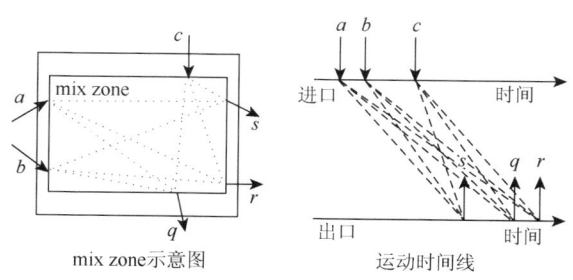

mix zone示意图　　　　　　运动时间线

图 1.10　mix zone 原理图

### 1）mix zone 的优化放置方法[100]

为对每一个可能放置 mix zone 的位置进行混合效果的评估，作者基于移动节点的移动性配置文件（profiles），提出了一种新的混合效果度量方法。由于利用 mix zone 实现的位置隐私保护，依赖于 mix zone 在网络中的放置位置，作者使用组合优化技术分析得到 mix zone 的优化放置位置。

2）path cloaking 方法

Hoh 提出了具有动态 mix zone 特性的 path cloaking 方法[98]。上述两种使用 mix zone 方法的一个共同点是，他们都需要用户（或系统）预先选定空间区域作为实现 LBS 用户假名交换的 mix zone，这会在一定程度上影响到系统使用的灵活性。为此，Hoh 和 Gruteser 提出了当 LBS 用户彼此靠近达到特定的阈值范围时，可彼此交换假名的 path cloaking 方法。

3）基于伪随机置换的位置隐私保护方法

杨松涛等设计了一种基于伪随机置换的位置隐私保护方案[101]。此方案借鉴 K-匿名技术、秘密信息检索技术的设计理念和方法，实现了完美匿名和基于位置的盲查询。该方法具备不可追踪性和不可关联性等安全属性。

但是，基于运动模型的位置预测通常又会使这些 mix zone 的阻断方法失效[102-105]。假设场景如图 1.11 所示。

在该场景中，有 3 个用户{Alice，Bob，Charlie}，这 3 个用户住在同一邻近区域，并且他们的位置被 GPS 设备实时追踪。假设，早上 7 时 45 分，所有用户都在家里，攻击者获取了 3 个用户家庭的坐标{Alice，Bob，Charlie}{1，2，3}，但是并不知道对应关系。通常攻击者可以连接外部知识，对用户进行识别。假设，攻击者知道 1 号家庭是 Alice 的家。当早上 7 时 50 分时，攻击者又获取了另外一组 3 个人的坐标{Alice，Bob，Charlie}{4，5，6}，攻击者可以通过运动模式（如

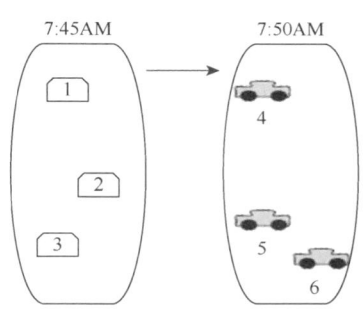

图 1.11 场景假设图

速度极限、交通模式），推断出对于 Alice 而言从 1 号位置不可能到达 5、6 号位置，而 Alice 在 7 时 50 分时只可能出现在 4 号位置。

# 2  基于时空 K-匿名的隐私保护

## 2.1  时空 K-匿名的基本原理

借鉴微数据发布应用中一种非常重要的隐私保护方法：K-匿名模型的基本思想[106]，2003 年 Marco Gruteser 等提出了用于 LBS 隐私保护的时空 K-匿名方法（以下简称时空 K-匿名）[29]。

时空 K-匿名方法要求：提交给 LBS 位置服务器的查询请求不再是一个包括 LBS 查询用户的真实标识信息以及精确的位置信息和查询时间信息的请求集合，而是一个包括查询者假名标识以及时空邻近的至少 $K{-}1$ 个 LBS 用户 Z 的假名标识，以及这些用户在某一时间区间内所处空间范围的时空 K-匿名数据集。

一个时空 K-匿名数据集实际上是对 LBS 原始请求集合进行泛化后的集合，包括：一个假名标识集合、一个泛化的空间区域以及一个泛化的时间区间。其中，假名标识集合由提出匿名查询用户的假名标识和其时空近邻的其他 $K{-}1$ 个用户的假名标识组成，泛化的空间区域由这些用户的精确位置采用一定方法生成的模糊化的区域组成，泛化的时间区间包含这些用户的时间跨度。形式化定义为：

**定义 2.1**  AS = {CR, AUS, TD} 表示一个时空 K-匿名数据集，其中，CR = {$\mathrm{Cell}_1, \mathrm{Cell}_2, \cdots, \mathrm{Cell}_m$} 表示 $K$ 个用户的空间位置联合形成的一个匿名空间区域（cloaking region）；$\mathrm{Cell}_i$（$1 \leqslant i \leqslant m$）由细粒度的简单空间几何图形（如矩形、圆形等）构成；AUS = {$u_1, u_2, \cdots, u_K$} 表示 $K$ 个用户的假名标识形成的一个匿名用户集合（anonymous users set）；$u_K$（$1 \leqslant i \leqslant K$）表示匿名用户的假名标识；TD = $(s, e)$ 表示时间延迟（time delaying），$s$ 表示延迟开始的时间，$e$ 表示延迟结束的时间。匿名集数据与其构成的单元之间的关系的表达如图 2.1 所示。

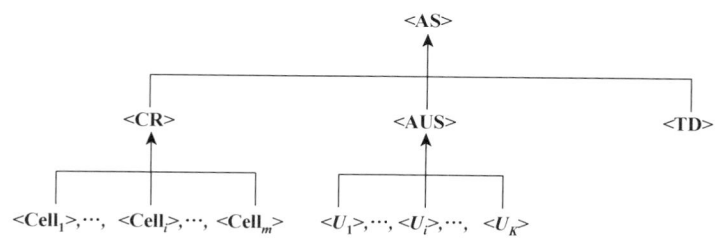

图 2.1  匿名集数据与其构成单元之间的关系

使用假名标识集合，攻击者既不能对用户的真实身份进行识别，也不能从假名标识集合中分辨出哪一个为 LBS 查询请求者的假名标识，从而实现了对 LBS 查询用户标识隐私的保护。使用泛化的空间区域和泛化的时间区间分别替代精确的空间位置信息和查询时间信息，实现了对 LBS 用户的位置隐私的特定级别的保护。而假名标识集合与泛化的空间区域和泛化的时间区间的联合使用，则进一步降低了用户的位置信息（时间信息）和身份标识信息的可联系性，从而减少用户遭受位置标识隐私攻击的概率。也即，即便攻击者获悉某一个用户隶属于某一个时空 K-匿名数据集，也不能确定其在泛化的空间区域内的精确位置。反之，即便攻击者获悉某一用户在泛化的空间区域内的精确位置，也不能确定其是否为 LBS 匿名请求的提出者[107]。时空 K-匿名方法以数据真实可用、方法实现简洁灵活、更适合 LBS 移动计算环境等特点，成为近年来研究的一个主流方向。

## 2.2　时空 K-匿名的系统架构

时空 K-匿名方法在 LBS 系统上的实现，可以采用两种系统架构方式：点对点（P2P）结构和代理服务器结构[108]。点对点（P2P）结构，又称对等协作模式，采用客户端与 LBS 服务器的两端结构，通过移动用户之间相互信任协作来生成时空 K-匿名数据集。代理服务器结构在客户端与 LBS 服务器之间增加了一个可信的第三方中间服务器，由可信的中间服务器中转位置查询请求和 LBS 服务器进行响应，并负责为每个 LBS 查询请求生成时空 K-匿名数据集。

### 1. 点对点结构

点对点系统结构由移动用户客户端和 LBS 应用服务器组成。移动用户客户端通常指具有智能嵌入式系统的手机、PDA 等终端设备，其利用终端专用软件或浏览器提出 LBS 服务请求。每个移动用户客户端都具有计算和存储能力，它们之间相互信任，均作为通信网络中的节点存在，没有明确的客户端与服务器之分（图 2.2）。

### 2. 代理服务器结构

代理服务器结构在移动用户客户端、LBS 应用服务器之间加入了第三方可信中间件，称为匿名服务器。匿名服务器是整个系统的核心，其担任移动终端与 LBS 应用服务器之间信息交互的代理角色：①接收移动终端的服务请求进行匿名处理，并将匿名结果发送给应用服务器；②接收应用服务器的查询处理结果进行过滤处理，并将精确的结果返回给移动终端；③当基于匿名处理的服务成功完成后，匿名服务器需要将当次的匿名数据存储到服务器的数据库中，以提供高级的匿名集数据分析功能（图 2.3）。

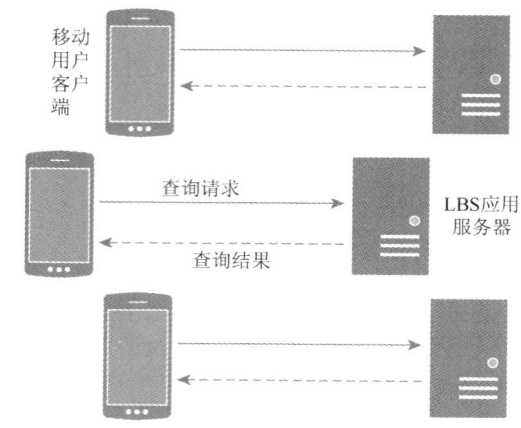

图 2.2　点对点结构示意图

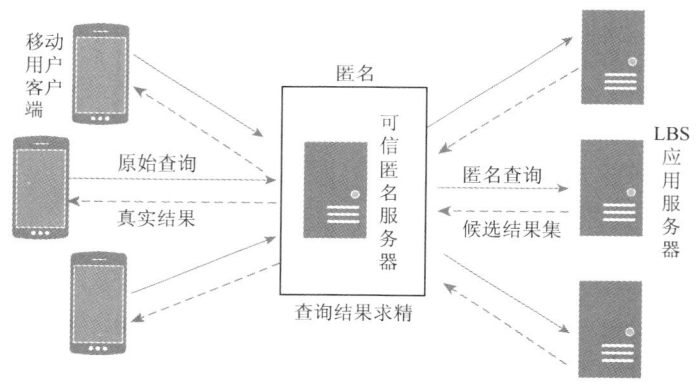

图 2.3　代理服务器结构示意图

在移动用户与位置服务器之间加入可信的位置匿名服务器的原因是我们无法保证 LBS 应用服务器的可靠性。因为存在一些不负责任的 LBS 服务提供商，出于商业目的，将 LBS 应用服务器所储存的历史位置数据卖给第三方。位置攻击者通过买来的数据，获取这些用户的历史位置，可以锁定一些目标对象，对其可能的位置或是个性化的偏好做出推理分析。

使用代理服务器结构响应一个位置查询请求的过程如下。

（1）发送请求：移动用户将包含精确位置的查询请求发送给匿名服务器。

（2）匿名：匿名服务器使用某种匿名算法对精确位置信息进行匿名处理，之后将匿名后的查询请求发送给提供位置服务的 LBS 应用服务器。

（3）查询：LBS 应用服务器根据匿名服务请求，进行相应的服务计算，主要包括：网关服务、目录服务、路径服务、地理编码与反编码服务以及展现服务等。相对于传统的针对时空信息精确的服务，LBS 应用服务器针对匿名服务请求进行粗粒度的模糊运算，并将生成的查询结果候选集返回给匿名服务器。相对于传统的针对时空信息精确的服务查询，LBS 应用服务器针对匿名查询请求是粗粒度的模糊运算，因此，在具体的算法实现上需要进行适当的修改，同时这种粗粒度的模糊运算还会增加对系统资源的消耗。但是，这些问题随着计算机处理技术与网络通信技术的提高，很快得以解决。

（4）求精：匿名服务器从候选结果集中筛选出相应的结果返回给提出查询的移动用户。

点对点结构与代理服务器结构的区别在于，代理服务器结构中的第三方可信中间件需要负责服务请求的匿名和查询结果求精等工作。而点对点结构中每个节点都可以完成该工作，节点之间地位平等。因此，点对点结构可以避免代理服务器结构中位置匿名服务器是处理瓶颈和易受攻击等缺点。点对点结构网络体系灵活自由，容易实现数据信息的交互，然而也正是因为它的结构特点，点对点网络没有中心服务器，信息完全共享，容易受到针对客户端节点的攻击，造成网络拥塞甚至瘫痪，共享信息丢失。

使用代理服务器结构的优势在于：①用户不直接与应用服务器交互，有利于保护用户的隐私；②匿名服务器掌握全局信息，易于实现隐私保护算法；③匿名服务器承担了隐私保护算法的计算，避免用户的大量计算，减轻移动终端的压力。

代理服务器结构也有其缺点：首先，匿名服务器作为连接用户和 LBS 应用服务器的中间件，是整个系统的处理瓶颈。由于移动用户位置的频繁在线更新，匿名服务器需要响应所有用户的查询请求、匿名处理以及查询结果筛选。所以，它的处理能力将直接影响到整个系统的性能。其次，当匿名服务器也变得不再可信的时候，例如，受到恶意攻击，由于它掌握了移动用户的所有知识，因而可能会导致极其严重的隐私泄露。但是，随着云计算、大数据计算技术的发展，国家从战略层面对于 LBS 隐私保护问题关注度日益增加，大规模计算代理的建设必将使得基于代理服务器结构的时空 K-匿名方法成为主流的隐私防护方式，本书也重点研究基于这种架构模式的隐私保护方法。

近年来，许多学者对时空 K-匿名模型进行了算法的优化改进，针对 LBS 快照查询与连续查询提出了一系列的变体方法。本章重点对连续查询的匿名结果进行挖掘分析。

## 2.3　快照查询的时空 K-匿名

快照查询指的是在某一个特定时刻或某个较短的时段（可以近似同时）发生

的多个匿名查询[50]。

　　时空 K-匿名方法在快照查询方面的扩展研究主要包括：查询标识隐私的增强性保护[32]、隐私保护级别的灵活设定[32, 33]、多模式查询的隐私保护[34, 35, 102]、空间网络[36]和分布式传感网络[37-43]的隐私保护等。上述针对快照查询的优化方法只考虑单次查询的隐私保护，容易遭受基于匿名集关联分析的推理攻击[82, 109, 110]。Talukder 等学者提出了以匿名集与匿名区域对等为限定条件的保护方法[47, 48]。针对查询内容异质性的标识攻击，Hasan 和 Ahamed 提出了 s-proximity 的保护方法[48]。Gabriel 等分析了基于匿名集运动速度信息进行推理攻击的场景，设计了相应的防护方法。Ghinita 等、Hasan 和 Ahamed 提出了基于时空 K-匿名优先选择时空邻近和分布密集的用户构成匿名集的准则，并分析了采用匿名集关联实现标识隐私与位置隐私攻击的应用场景，同时提出了基于匿名集与匿名区域对等条件的保护方法[47, 48]。

　　网格（grid）的方式以及自结盟（clique）的方式，是实现快照查询的时空 K-匿名方法的两类典型方式。基于网格的时空 K-匿名方法，又分为按网格空间邻近搜索的简单网格划分、按网格中用户的密度搜索的简单网格划分以及金字塔网格划分[111]。下面，我们结合具体实例，对 4 类方法的实现过程进行分析，为简化描述，只考虑二维空间，并不考虑时空 K-匿名在时间上的延迟。

## 1. 简单网格划分方法——按网格空间邻近搜索

　　（1）依据 LBS 用户针对其对位置隐私的基本要求，将 LBS 用户所在的空间区域按照一定的空间分辨率划分成系列的矩形或正方形网格，并对网格进行统一编号（图 2.4）。

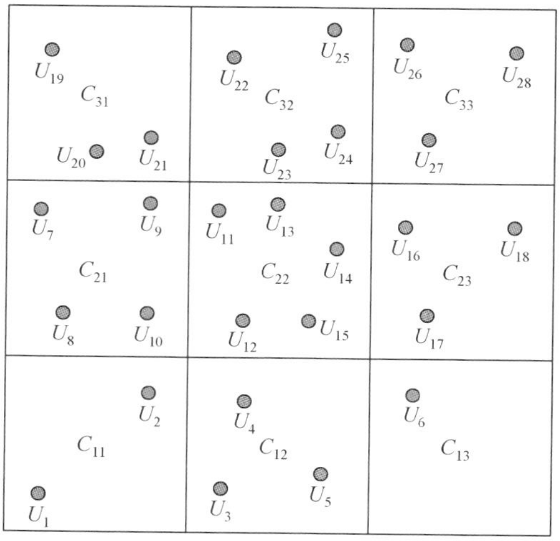

图 2.4　某地区的用户分布图

（2）统计所有网格中的用户数如表 2.1 所示。

表 2.1　图 2.4 对应网格表

| Cell_id | User Count |
| --- | --- |
| $C_{11}$ | 2 |
| $C_{12}$ | 3 |
| $C_{13}$ | 1 |
| $C_{21}$ | 4 |
| $C_{22}$ | 5 |
| $C_{23}$ | 3 |
| $C_{31}$ | 3 |
| $C_{32}$ | 4 |
| $C_{33}$ | 3 |

（3）假定网格 $C_{22}$ 中的 $U_{14}$ 用户提出了隐私保护级别，也即每个匿名集要包含的用户数的最小值 $K=16$ 的匿名查询，则匿名集生成过程是：从网格 $C_{22}$ 开始，按照逆时针方向搜索邻近的网格，并累加其中包含的用户数量，直至大于等于设定的 $K$ 值。同时，为避免无限制的空间搜索，通常限定最大搜索的网格数量。此处，我们限定最大搜索的网格数量为 8。如果同时满足 $K$ 值和最大搜索网格数量的限制，则匿名成功，否则匿名失败。图 2.5 为这一过程的示意图。

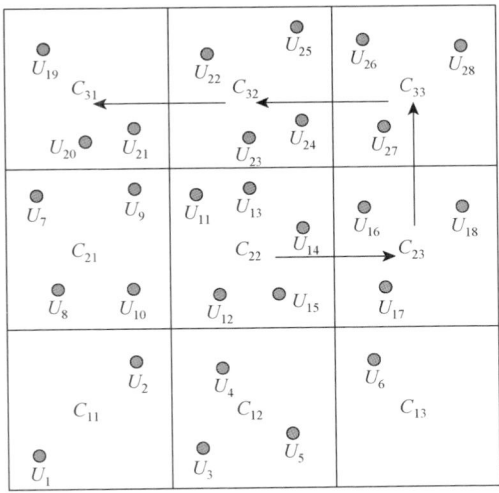

图 2.5　网格搜索示意图

（4）最后的匿名结果包括：匿名网格集合（$C_{22}$、$C_{23}$、$C_{31}$、$C_{32}$、$C_{33}$），用户假名标识集合（$U_{11}$，$U_{12}$，$U_{13}$，$U_{14}$，$U_{15}$，$U_{16}$，$U_{17}$，$U_{18}$，$U_{19}$，$U_{20}$，$U_{21}$，$U_{22}$，$U_{23}$，$U_{24}$，$U_{25}$，$U_{26}$，$U_{27}$，$U_{28}$）以及用户提出的查询请求类型，一起提交给 LBS 应用服务器进行对应的空间运算。

2. 简单网格划分方法——按网格中用户的密度搜索

（1）统计图 2.4 中所有网格包含的用户数，并按照网格中用户的数量进行降序排列。同时，为了标识某网格已经被某一时空 K-匿名过程占用，增加一个 Locked 属性字段，如表 2.2 所示。

表 2.2　图 2.4 对应网格表

| Cell_id | User Count | Locked |
|---|---|---|
| $C_{22}$ | 5 | F |
| $C_{32}$ | 4 | F |
| $C_{21}$ | 4 | F |
| $C_{12}$ | 3 | F |
| $C_{23}$ | 3 | F |
| $C_{31}$ | 3 | F |
| $C_{33}$ | 3 | F |
| $C_{11}$ | 2 | F |
| $C_{13}$ | 1 | F |

（2）假定网格 $C_{23}$ 中的 $U_{16}$ 用户提出了级别 $K=12$ 的匿名查询，则将表中对应记录的 Locked 状态设置为 T，以表示网格 $C_{23}$ 被某一匿名处理过程所占用。

（3）从表 2.2 中可知，网格 $C_{23}$ 中的用户数据只有 3 个，因此需要空间搜寻其他网格中的用户，并进行累加，以满足 $K=10$ 的匿名要求。空间搜寻采用优先搜寻用户密集网格的策略，即按照表 2.2 中用户数量的排序，先后选择相应网格，并累加其中的用户数量，直至大于等于 10。通过分析可知 $C_{22}$、$C_{32}$ 中用户数累加为 12，满足匿名要求。匿名结果如表 2.3 和图 2.6 所示。

表 2.3　图 2.6 对应网格表

| Cell_id | User Count | Locked |
|---|---|---|
| $C_{22}$ | 5 | F |
| $C_{32}$ | 4 | F |
| $C_{21}$ | 4 | F |

续表

| Cell_id | User Count | Locked |
|---------|------------|--------|
| $C_{12}$ | 3 | F |
| $C_{23}$ | 3 | T |
| $C_{31}$ | 3 | F |
| $C_{33}$ | 3 | F |
| $C_{11}$ | 2 | F |
| $C_{13}$ | 1 | F |

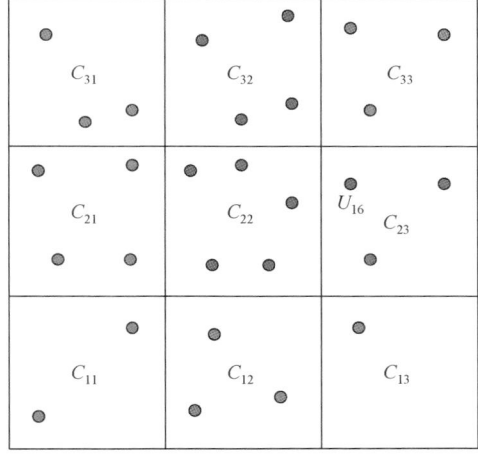

图 2.6  匿名结果划分图

（4）最后的匿名结果包括：匿名网格集合（$C_{23}$、$C_{32}$、$C_{22}$），用户假名标识集合（$U_{11}$，$U_{12}$，$U_{13}$，$U_{14}$，$U_{15}$，$U_{16}$，$U_{17}$，$U_{18}$，$U_{22}$，$U_{23}$，$U_{24}$，$U_{25}$）。

3. 基于金字塔网格划分的实现步骤

（1）将 LBS 用户所在的空间区域，采用自顶向下的方式逐级划分成系列的网格区域，直至最小网格区域保护的用户数达到制定的限值（例如最小网格最少包括一个用户）。每个网格采用网格的左下角的行列号、右上角的行列号进行的编号，例如，用户 $U_1$ 所在的网格为〈（0，2），（1，3）〉。最终的划分结果，保存到金字塔数据结构中，如图 2.7 所示。

（2）假定 $U_1$ 用户提出了 $K=2$ 的匿名请求，其搜寻其他网格中用户的可以采用自底向上的两种策略。策略一：直接从其上级网格〈（0，2），（2，4）〉中查找用户并累加，得到匿名用户集合（$U_1$，$U_2$，$U_3$），匿名网格集合〈（0，2），（2，4）〉；策略二：先搜寻同级网格中用户，然后再搜寻上级网格中的用户，得到的匿名用户集合为（$U_1$，$U_3$），匿名网格集合{ 〈（0，2），（1，3）〉，〈（1，2），（2，3）〉 }。

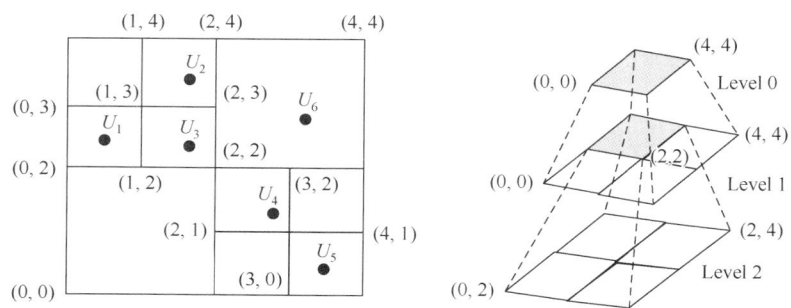

图 2.7　金字塔网格划分原理图

（3）Mokbel 还提出在匿名集生成时，进一步设定最小匿名空间区域 $A_{min}$ 的限定条件[36, 37]。通过这一限定条件，可以防止因用户分布密集，只使用 $K$ 值参数而出现位置隐私泄露的情况。我们仍以网格 〈（0，2），（1，3）〉 中的 $U_1$ 用户提出了 $K=2$ 的匿名请求为例，如果要求 $A_{min}=3$，采用第二种搜索策略，匿名网格 〈（1，3），（2，4）〉 中的用户也被包括。最后匿名结果是：匿名网格集合{ 〈（0，2），（1，3）〉，〈（1，2），（2，3）〉，〈（1，3），（2，4）〉 }，用户假名标识集合（$U_1$，$U_2$，$U_3$）。

上述两种基于网格划分的匿名方法具有共同特点：①假定所有的匿名用户均具有同一的匿名要求（$K$ 值）；②在最终的匿名结果中只包含一个匿名请求，也即是在提交的用户假名标识集合中，只有一个用户提出了匿名请求，其他的用户只是参与时空 K-匿名处理的移动用户，他们不一定提出位置服务的查询请求。

但是，在实际的应用过程中，不同的用户可能会有不同级别的匿名要求。同时，如果限定参与时空 K-匿名处理的用户必须为提出位置服务请求的用户，则可以使得用户假名标识与查询请求不再是 $n:1$ 的关系，而变成 $n:n$ 的关系，从而可以进一步降低攻击者对查询标识隐私攻击的概率。基于自结盟（clique）方式方法满足上述两点特征。

4. 自结盟（clique）的方式实现步骤

如图 2.8 中时空布局 I 所示，3 个匿名用户（$U_1$，$U_2$，$U_3$）均提出时空 K-匿名查询的请求，其对应的隐私保护级别的 $K$ 值分别为 2，3，2。

3 个匿名用户分别以其所在的空间位置为中心，并按照其设定的最大允许搜索的空间范围（$A_{max}$，$\Delta x$，$\Delta y$）绘制矩形区域，如图 2.8 所示。从图 2.8 中可以看出，$m_1$、$m_2$ 的矩形区域，彼此包含用户的空间位置。$m_1$、$m_2$、$m_3$ 的局域区域的空间关系，通过关系链接 I 所示的无向图（undirected graph）进行表达。但是，由于 $m_2$ 要求的隐私保护级别 $K=3$，因此 $m_1$、$m_2$ 还不能彼此进行成功匿名。考虑匿名用户 $m_4$ 加入后的情况，其按照设定的允许搜索的空间范围（$A_{max}$，$\Delta x$，$\Delta y$）绘制矩形区域，及和其他区域的关系如图 2.8 所示。

可以看出：$m_1$、$m_2$、$m_4$ 的空间区域彼此互为包含空间位置；$m_3$、$m_4$ 的空间区域彼此互为包含空间位置。因此，可以构建如图 2.8 中关系链接 II 所示的无向图结构：$m_1$、$m_2$、$m_4$ 互相连接，$m_3$、$m_4$ 相互连接。由于 $m_1$、$m_2$、$m_4$ 的隐私保护级别 $K\leqslant3$，他们可以彼此进行成功匿名。匿名区域可以是，以 $m_1$、$m_2$、$m_4$ 的空间位置为定点连接三角形的轴平行的外接矩形，如图 2.8 所示。同样，虽然 $m_3$、$m_4$ 可以进行相互连接，但是由于 $m_4$ 的匿名请求的级别 $K=3$，二者仍不能彼此进行成功匿名。

最后匿名结果是：匿名区域是以 $m_1$、$m_2$、$m_4$ 的空间位置为定点连接三角形的轴平行的外接矩形，用户假名标识集合（$m_1$，$m_2$，$m_4$）以及匿名请求集合（$q_1$，$q_2$，$q_3$）。当最后的匿名请求结果被发送到应用服务器，应用服务器进行相应计算，并将结果成功返回后。关系链接 II 中相应节点之间的连接也被删除。

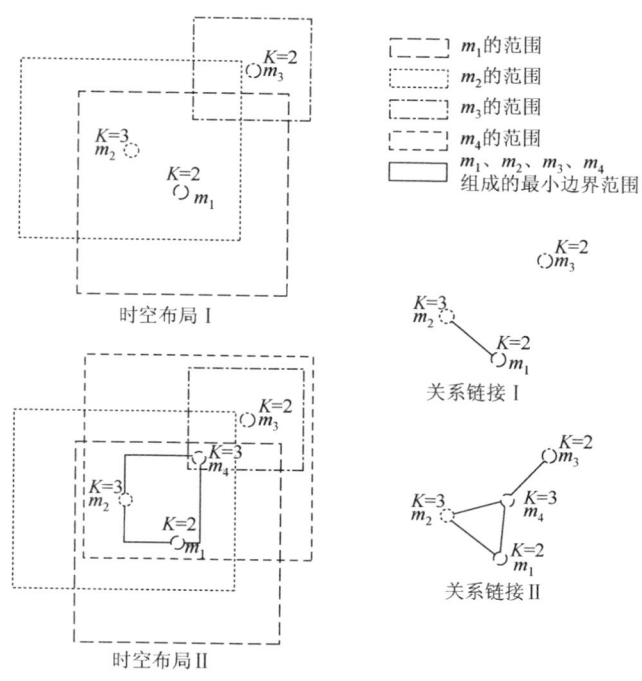

图 2.8 自结盟（clique）算法描述图

## 2.4　连续查询的时空 K-匿名

连续查询是由同一用户连续两次或多次提出的查询内容相同或者高度相关的位置服务查询。"连续"表示查询间隔的时间较短，"查询内容相同或者高度相关"说明查询内容不随时空的变换而变化。通常，在执行连续查询的过程中，匿名查询的提出者以及参与匿名查询的用户的空间位置均会发生变化。

连续查询的应用场景是：假定所有的 LBS 用户均为签到用户（check in），其定期将其位置信息发送给匿名服务器；LBS 用户为获取某一应用服务，提出指定隐私保护级别的连续查询请求；匿名服务器为连续查询随机生成一个 session ID，并使用该 session ID 与 LBS 应用服务器建立一个 session。此后，匿名服务器将根据提出 LBS 连续查询用户的最新位置生成系列的匿名处理结果。系列的匿名处理结果每次都使用同一的 session ID 提交给应用服务器，直至 session ID 对应的连接终止（LBS 用户获取相应的服务类型，或者是超过了指定的服务相应时间）。

不同于快照查询的时空 K-匿名处理算法，连续查询过程中需要根据 LBS 用户更新其位置信息的时间周期，定期进行匿名处理，因此，在匿名处理的过程中不再需要进行 temporal colaking 处理。

连续查询生成的匿名结果的形式化定义为：

**定义 2.2**　$\text{SAR} = \{\text{AS}_1, \text{AS}_2, \cdots, \text{AS}_n\}$ 表示一个连续查询生成的匿名集，其中，$\text{AS}_i (1 \leqslant i \leqslant n)$ 表示构成连续查询的单个快照查询的匿名结果。

在实际应用中，匿名服务器为实现性能优化，会对用户的连续查询的匿名过程进行一些约束：设定匿名请求的时空变化阈值，当连续两次匿名请求包含的时间和位置信息的变化有一个超过设定的阈值时，才生成单次的快照查询匿名结果集。也即，对于 $\text{SAR} = \{\text{AS}_1, \text{AS}_2, \cdots, \text{AS}_n\}$ 中的任意两个连续的快照查询匿名结果 $\text{AS}_i \in \text{SAR}, \text{AS}_{i+1} \in \text{SAR}, 1 \leqslant i \leqslant n-1$，满足条件 $(\text{AS}_{i+1} \cdot \text{TD} \cdot e - \text{AS}_i \cdot \text{TD} \cdot e) \geqslant \tau_t > 0$ 或者 $\text{Distance}(\text{AS}_{i+1} \cdot \text{CR}, \text{AS}_i \cdot \text{CR}) \geqslant \tau_s > 0$。

快照查询与连续查询的匿名结果，在一定程度上提供对用户标识隐私、位置隐私以及查询隐私的保护。但是，攻击者通过对时空邻近匿名结果的关联分析，对用户的标识隐私、位置隐私进行推理分析。接下来，我们分别对基于内容关联的隐私攻击与防护、基于空间关联的隐私攻击与防护方法进行论述。

## 2.5　基于内容关联的隐私攻击与防护

上述针对快照查询与连续查询的时空 K-匿名方法，均没有考虑对查询内容的保护[112]。攻击者基于对查询内容同质性（homogeneity）和异质性（heterogeneity）的分析，可获取 LBS 用户的查询隐私以及查询标识隐私。

## 2.5.1　同质性攻击

　　针对 clique 方法的匿名结果，虽然包括 $n$ 个匿名查询请求，但是当他们查询内容完全一致（或基本类同）时，就会暴露所有用户的查询内容隐私。例如，几个朋友下班后见面讨论去哪个俱乐部娱乐，由于他们提出 LBS 匿名查询请求时所处的位置非常的邻近，很有可能被联合匿名。这样，攻击者虽然不能确定查询请求与 LBS 匿名用户的一一对应关系，但可以知道他们都在进行针对俱乐部的查询。如图 2.9 所示的 3 种数据结构模型。

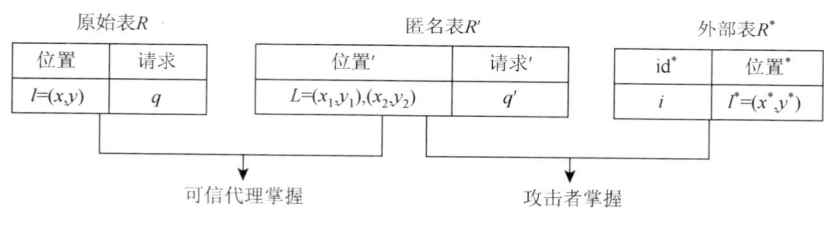

图 2.9　P-sensitivity 方法的数据结构

　　原始表 $R$ 是在可信匿名器上存储的 LBS 用户的原始请求数据。原始表 $R$ 中的每条数据代表一请求：$r = (\mathrm{id}, l, q)$，其中，id 是用户的标识；$l = (x, y)$ 是用户发送请求时的位置；$q$ 是用户发送请求的具体内容。

　　匿名表 $R'$ 是针对表 $R$ 中的原始请求数据，经过时空 K-匿名化处理后的数据。原始表 $R$ 中的 id 是用户的标识，不能泄露给任何第三方。因此，匿名表 $R'$ 中不能包含该属性。原始表 $R$ 中的 $l$ 虽不能直接标识用户，但攻击者在借助于外源信息时（诸如黄页和基于地址编码的反向定位等背景知识），则 $l$ 就可以充当用户准标识的角色。因此，在匿名表 $R'$ 中应存储经过空间 K-匿名后的位置数据。同样，原始表 $R$ 中的查询请求内容 $q$，也可能包含敏感的属性信息，必须进行多样化的处理，即表 $R'$ 中应存储经过内容多样化处理后的查询请求数据 $q'$。因此，匿名表 $R'$ 中的每条数据代表一个经过匿名化处后的请求：$r' = (L', q')$，其中，$r \times l \in r' \times L'$，$r' \times q' = r \times q$。

　　外部表 $R^*$ 表示攻击者可以得到的外部数据。外部表 $R^*$ 中的每条数据表示攻击者通过背景知识信息获取匿名区域中包含用户的信息：$u^* = (\mathrm{id}^*, l^*)$，其中，$\mathrm{id}^*$ 表示用户的真正标识；$l^*$ 是用户 $\mathrm{id}^*$ 的准确位置。同质性攻击的示例如图 2.10 所示，从图中可以看出，用户 $U_3$、$U_4$、$U_5$、$U_6$ 都进行了俱乐部的相关查询。

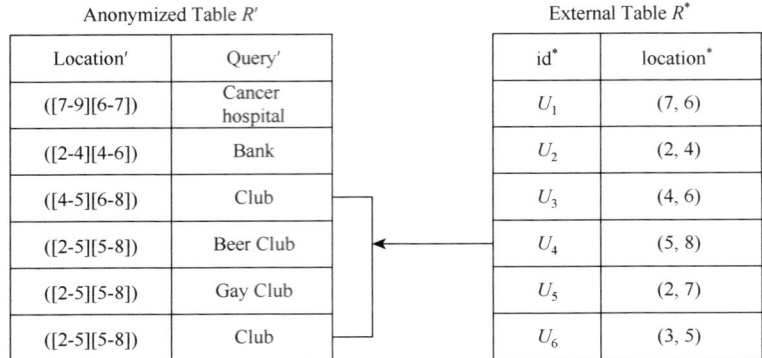

图 2.10　同质性攻击示例图

## 2.5.2　同质性攻击的防护

针对同质性攻击，一些学者提出了基于查询内容多样性原理的系列保护方法：L-diversity[113, 114]，P-sensitivity[115]，T-closeness[116]。下面，我们以文献[115]中提出的 P-sensitivity 方法为例，进行详细说明。为了阻止上述基于查询内容与外源信息关联，而产生的同质性攻击，作者结合图 2.9 中所示的 3 种数据结构模型，首先定义了用户匿名集和请求匿名集的概念。

**定义 2.3**　（用户匿名集）给定 $R'$ 中的一个匿名请求 $r' = (L', q')$，$r'$ 中的用户匿名集 $S_u$，由 $R^*$ 中所有 $l^*$ 属于 $L'$ 的 $u^*$ 组成，也即 $r' \cdot S_u = \{u^* \mid u^* = (\mathrm{id}^*, l^*) \in R^*, l^* \in L'\}$。

**定义 2.4**　（请求匿名集）给定 $R^*$ 中的一个用户 $u^* = (\mathrm{id}^*, l^*)$，$u^*$ 所属的请求匿名集 $S_r$ 由 $R'$ 中所有 $L'$ 包括 $l^*$ 的 $r'$ 组成，也即 $u^* \cdot S_r = \{r' \mid r' = (L', q') \in R', l^* \in L'\}$。

这样，给定一个匿名请求 $r'$，要保证该请求被外源表 $R^*$ 中特定用户标识的概率低于指定阈值，即匿名请求 $r'$ 是其用户匿名集 $S_u$ 中某一指定用户提出的概率要低于指定的阈值，通常设置为 $\dfrac{1}{k}$，如式（2.1）所示

$$P(r' \to u^*) = \frac{1}{|r' \cdot S_u|} \leqslant \frac{1}{k} \tag{2.1}$$

同样，给定一个用户 $u^*$，要保证该用户被匿名集表 $R'$ 中特定请求所标识的概率低于指定的阈值，即用户 $u^*$ 是其请求匿名集中某一查询提出者的概率要低于指定的阈值，通常设置为 $\dfrac{1}{k}$，如式（2.2）所示

$$P(u^* \to r') = \frac{1}{|u^* \cdot S_r|} \leqslant \frac{1}{k} \tag{2.2}$$

最后，给定一个用户 $u^*$，要保证该用户被匿名集表 $R'$ 中敏感请求所标识的概

率低于指定的阈值，即该用户的请求匿名集包含敏感请求的比率要低于指定的阈值，设定为 $p$，如式（2.3）所示

$$P(u^* \to Q_s) = \frac{\{u^* \cdot S_r \mid u^* \cdot S_r \in Q_s\}}{\mid u^* \cdot S_r \mid} \leqslant p \tag{2.3}$$

结合上述定义和公式，得到 P-sensitivity 的定义：

**定义 2.5**　P-sensitivity 必须满足以下条件：①针对外源信息表 $R^*$ 中每一个用户 $u^*$，满足条件 $P(u^* \to r') \leqslant \dfrac{1}{k}$，$P(u^* \to Q_s) \leqslant p$；②针对匿名信息表 $R'$ 中的每一个请求 $r'$，满足条件 $P(r' \to u^*) \leqslant \dfrac{1}{k}$。

## 2.5.3　异质性攻击

但是，即使匿名结果中 $n$ 个查询请求不属于同一类别（例如 P-sensitivity），如果某一查询包含了特定的敏感信息，仍可能会遭受异质性（heterogeneity）攻击，造成 LBS 用户查询标识隐私的泄露。

异质性（heterogeneity）攻击的攻击者借助外源信息获取匿名用户的标识信息以及对应用户的属性信息，并通过对属性信息的敏感性分析某一查询请求者的属性与匿名集中其他用户相比具有一些独有的可辨特性（例如，匿名用户集合中，只有一个用户是女性，而其余全部为男性）以及与特定查询服务请求（例如寻找最近的女性医院）的关联分析，发现一些特殊的情景（例如，只有女性才可能提出寻找最近的女性医院的服务查询），产生对 LBS 用户查询标识隐私的攻击。以下是异质性（heterogeneity）攻击的具体案例。

**情景 1**　Alice 由于患有某种慢性病，需要进行一些常规的医药健康检查。当她搬到了一个新的地方，需要寻找最近的医疗中心。因为她的病比较特殊，必须去针对女性的医院。于是，她提出查询距离自己最近的针对女性的医院。LBS 系统处理了她的请求，在确保 K-匿名的情况下把她的请求提交给了应用服务器。

**情景 2**　当 Alice 开始她新的学期，经过一周的课程之后，她收到了一张参考书单，其中一些书紧急需要。她通过 LBS 系统搜索了离她住所最近的书店。LBS 依据她的位置进行查询，并返回了离其最近的书店。

**情景 3**　Alice 喜欢去新的地方，但面临寻找停车位的麻烦，她使用 LBS 系统寻找最近的停车位，但并不公开其所有的位置信息。

在上述的情景中，Alice 必须提供她的位置去得到服务，但是由于害怕被识别，她不愿意提供准确的位置，于是 LA 创造了一个 cloaking region（CR），并且发送她的请求给了 LSP。如果 Alice 提出 $K=4$ 的匿名请求，LA 必须保证一个 CR 里有

其他 3 个用户才可以发送给 LSP。

分析针对上述 3 种情景的匿名请求结果，可对用户查询请求的标识隐私进行推理攻击。我们假定攻击者借助外源和 LBS 服务，掌握如下的信息内容：①每个请求的匿名等级（$K$ 值）；②匿名用户假名标识集合对应用户的真实标识集合；③同一匿名过程中所有匿名用户的属性信息（存储在用户的静态配置文件中）；④同一匿名过程中提出的所有匿名查询请求，包括针对匿名用户特殊属性的查询请求。

针对上述 3 种情景与假设的推理攻击过程以及结果见表 2.4。

表 2.4　推理攻击结果表

|  | 情景 1 | 情景 2 | 情景 3 |
|---|---|---|---|
| 查询请求 | 最近的女性医院 | 最近的书店 | 最近的停车位 |
| 匿名集的大小（$K$ 值） | 4 | 4 | 4 |
| 匿名集成员 | {Alice, Bob, William, Ada} | {Alice, Carl, Jacob, Michael} | {Alice, Bob, Daniel, Joshua} |
| 服务的情景 | 医疗 | 学术 | 交通 |
| 特殊的用户属性 | 性别 | 职业 | 驾照 |
| 发现 | 只有 Alice 是女性 | 只有 Alice 是学生 | 只有 Alice 和 Bob 有驾照 |
| 推理识别 | Alice | Alice | {Alice，Bob} |

在情景 1 中，攻击者（LSP1）成功地识别了 Alice。事实上由于她和 3 个男性构成了匿名集，男性不太可能去查询一个最近的女子医院，而且她的查询也比较特殊。在情景 2 中，攻击者又成功识别了 Alice。因为和 Alice 构成匿名集的其他用户都不是学生。在情景 3 中，攻击者减少了匿名集中用户的范围，因为用户如果没有驾照通常不太会去查询最近的停车地方。

## 2.6　基于空间关联的隐私攻击与防护

时空 K-匿名位置隐私的攻击，主要是指基于匿名集中位置的自相关分析，以及与外源信息的相关性分析，对 LBS 匿名用户的标识隐私、位置隐私、查询标识隐私以及复合隐私类型隐私的攻击过程。由于外源信息可以为任意的数据类型，基于外源信息关联的推理攻击通常具有一定的应用针对性，研究对应推理攻击的防护方法也不具有通用性。为此，我们主要分析基于时空 K-匿名数据自身关联的推理攻击及防护方法。

对应于 LBS 查询服务的类型，分为针对快照查询（或多查询）的攻击和连续查询的攻击。两类攻击方法均假定攻击者掌握以下信息。

（1）每个时空 K-匿名结果中包括的以假名标识的匿名用户集。

（2）每个时空 K-匿名结果中包括的查询请求内容。

（3）每个时空 K-匿名的隐私保护级别（$K$ 值）。

（4）采用时空 K-匿名的实现算法。

## 2.6.1 快照查询的攻击

**攻击场景 1** 假定在多个快照查询中，存在如图 2.11 所示的两个匿名结果：匿名结果 1 包括的匿名区域 $CR_1 = \{C_{22}, C_{23}, C_{32}\}$，匿名用户集合 $AS_1 = \{U_1, U_2, U_3, U_4, U_5, U_6\}$；匿名结果 2 包括的匿名区域 $CR_2 = \{C_{22}, C_{23}\}$，匿名用户集合 $AS_2 = \{U_1, U_2, U_3, U_4, U_5\}$。虽然攻击者通过单一的匿名结果，不能知道某一用户所在的

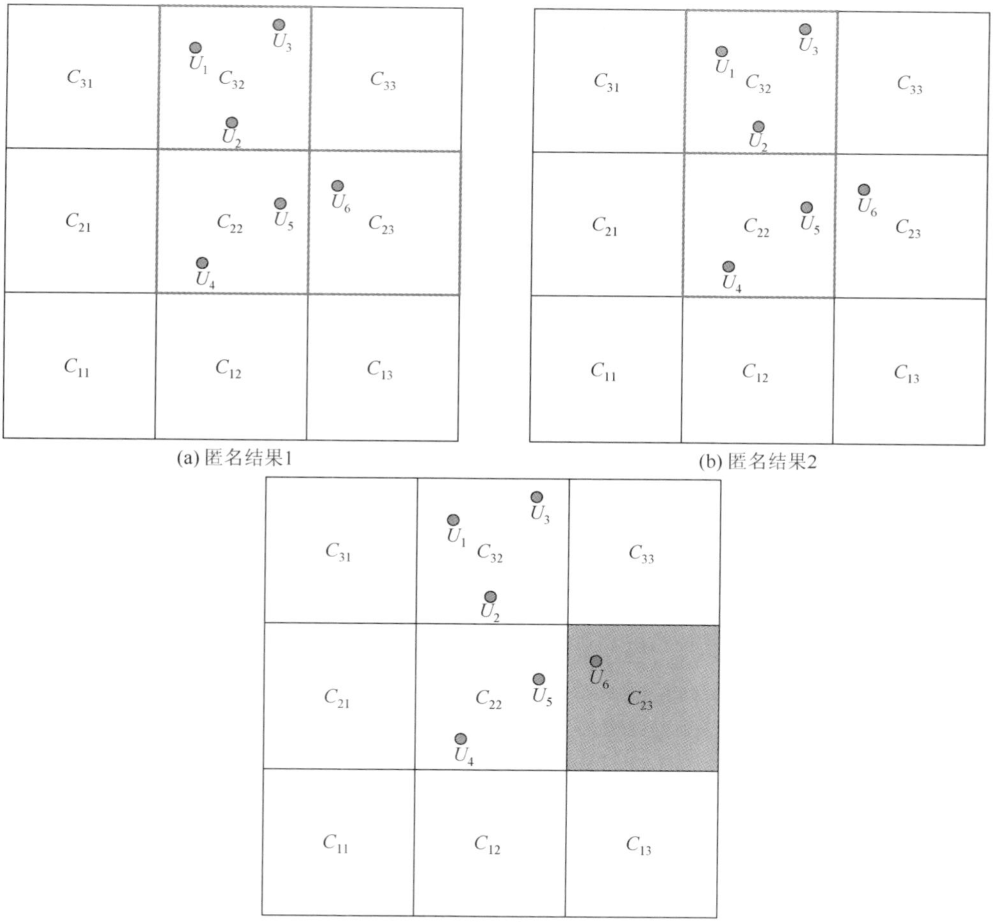

(a) 匿名结果1

(b) 匿名结果2

(c) 推理结果

图 2.11 攻击场景/（匿名 1）

具体匿名网格。但是，攻击者在掌握了两次匿名结果后，根据在两次匿名处理过程中获悉参与匿名的用户的位置信息均未发生变化，可以做出用户 $U_6$ 处于 $C_{23}$ 的推断。

同样，对于如图 2.12 所示的两个匿名查询结果：匿名结果 1 的匿名区域 $CR_1 = \{C_{22}, C_{23}, C_{32}\}$，匿名用户集合 $AS_1 = \{U_1, U_2, U_3, U_4, U_5, U_6\}$；匿名结果 2 的匿名区域 $CR_2 = \{C_{13}, C_{23}\}$，匿名用户集合 $AS_2 = \{U_6, U_7, U_8\}$。攻击者通过对这两个匿名结果的关联分析，也可以做出 $U_6$ 处于 $C_{23}$ 的推断。

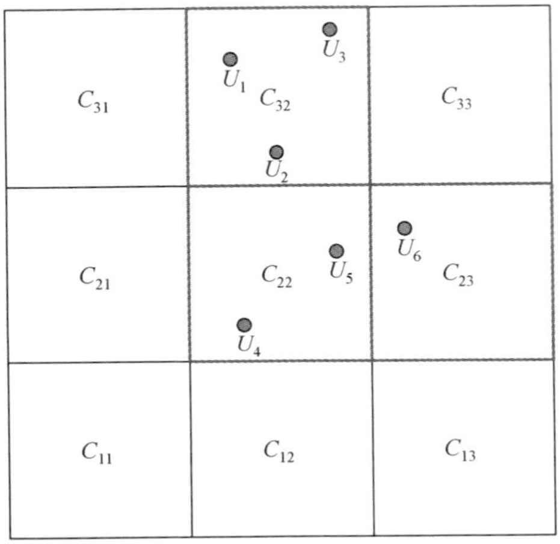

(a) 匿名结果1 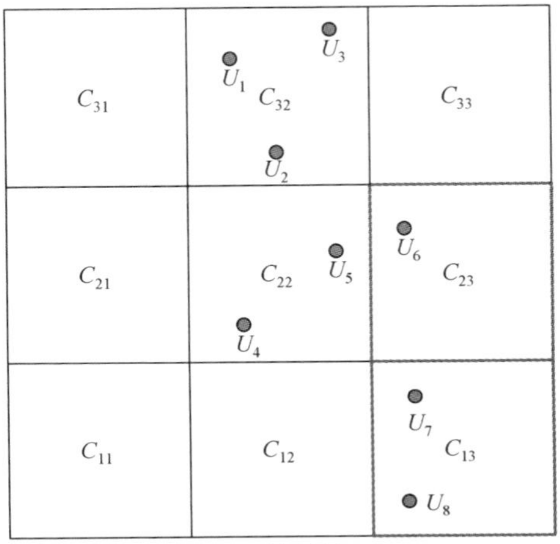　　　　　　　　　　　　　　　　(b) 匿名结果2

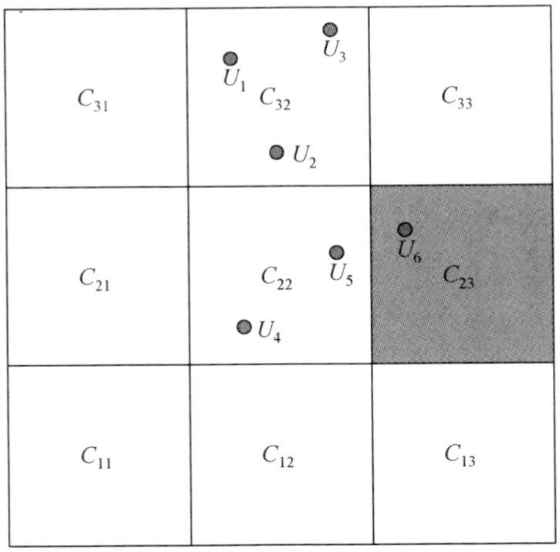

(c) 推理结果

图 2.12　攻击场景/（匿名 2）

**攻击场景 2**　如果攻击者获取的匿名区域是多个匿名网格联合的匿名区域（例如采用基于金字塔网格划分方法进行匿名处理,其生成匿名区域是搜寻匿名网格的联合区域，不再向应用服务器提交详细的匿名网格编号），则遇到的推理攻击场景如图 2.13 所示。其中，匿名结果 1 是匿名用户 $U_1$ 提出的匿名级别 $K=5$ 的匿名处理结果，匿名用户的集合为 $\{U_1,\cdots,U_6\}$；匿名结果 2 是匿名用户集合 $\{U_2,\cdots,U_6\}$ 中的某一个用户提出匿名级别 $K=5$ 的匿名处理结果。

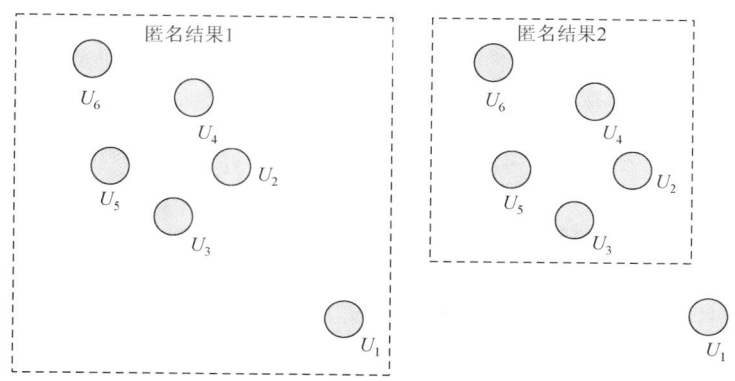

图 2.13    攻击场景 2

通过对两次匿名结果的匿名区域的相关分析，我们可知一个匿名查询的提出者必定为匿名用户 $U_1$，且其必定处于第一个匿名结果的匿名区域的顶角的位置。攻击者从而实现对用户 $U_1$ 查询标识隐私以及位置隐私的攻击。

攻击场景 1、攻击场景 2 只考虑两个匿名查询结果的单次关联。通过多时段的关联分析，即使在匿名执行过程中出现匿名用户消失或新产生匿名用户的情况，也可对用户的位置隐私进行推断。

**攻击场景 3**    如图 2.14 所示，第 1 个时段的匿名结果 1 包括匿名区域 $CR_1$，

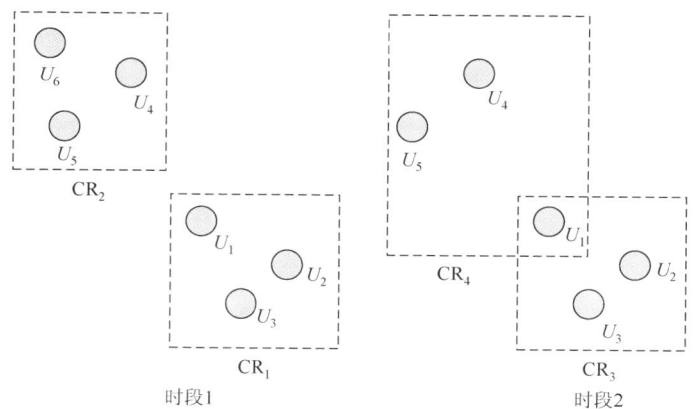

图 2.14    攻击场景 3

匿名用户集合 $\{U_1, U_2, U_3\}$；匿名结果 2 包括匿名区域 $CR_2$，匿名用户集合 $\{U_4, U_5, U_6\}$。在第 2 个时段由于匿名用户 $U_6$ 的离开，新生成的两个匿名结果的匿名区域出现交集，且两个匿名结果的匿名用户集合 $\{U_1, U_2, U_3\}$、$\{U_4, U_5, U_1\}$ 都包含匿名用户 $U_1$。据此，攻击者即可推断出 $U_1$ 必定处于两个匿名区域的交集位置，从而实现攻击用户 $U_1$ 位置隐私的目的。

## 2.6.2　快照查询攻击的防护

Hasan 提出了基于互惠条件的安全网格方法[48]。所谓的互惠条件指的是，对于每个匿名处理结果，其包括的匿名用户集合中的任一用户，如果之后提出同样隐私保护级别的匿名处理请求，则匿名处理生成的匿名区域应该和匿名处理结果生成的匿名区域完全一样（除非匿名区域中的匿名用户离开，或者有新的匿名用户加入该匿名区域）。例如，匿名用户 $U_1$ 提出了一个隐私保护级别为 $K$ 的匿名处理请求，匿名服务器为之生成了一个匿名区域 K-CR，该匿名区域空间包含匿名用户 $\{U_2, \cdots, U_K\}$ 所在的空间位置。此后，如果 $\{U_2, \cdots, U_K\}$ 中的任一匿名用户也提出隐私保护级别为 $K$ 的匿名处理请求，则匿名服务器为之生成的匿名区域均是 K-CR。此外，为了避免攻击场景 3 的发生，还要保证不同匿名处理结果包含的匿名区域应该彼此分开，不能存在空间上的交集。

为此，Hasan 在其提出的安全网格算法中，对传统的时空 K-匿名算法进行了改造：首先，按照匿名用户提出的隐私保护级别，对所有的匿名用户进行分组，简称匿名组（anonymity group，GAnon），具有同样隐私保护级别的用户划分到同一个匿名组中。然后，再根据互惠条件的要求，将每个匿名组中的至少 $K$ 个用户形成一个匿名用户集合，并生成对应的匿名区域。详细的执行步骤如下。

**步骤 1**　按照匿名用户提出的隐私保护级别（$K$），将匿名用户划分到不同的匿名组 $GAnon_1, GAnon_2, \cdots, GAnon_N$。其中 $GAnon_1$ 包括所有要求最大 $K$ 值的匿名用户，$GAnon_K$ 包括所有要求最小 $K$ 值的匿名用户，$\eta_i$ 表示 $GAnon_i$ 中匿名用户的隐私保护级别 $K$。

**步骤 2**　首先，无重复统计每个匿名组 $GAnon_i$ 中匿名用户所在的匿名网格。然后，依据匿名用户的空间位置与匿名网格的空间拓扑关系，分别统计每个匿名组中匿名网格包含的用户数。

**步骤 3**　首先，逐一查找 $GAnon_i$ 中未被分配的匿名网格中的用户数并累加，如果其值大于或等于 $GAnon_i$ 中匿名用户要求的隐私保护级别 $\eta_i$，则进入下一步运算。否则，则查找具有较大编号的匿名组（例如，$GAnon_{i+1}$）中匿名网格，直至满足匿名用户要求的隐私保护的要求。

**步骤 4**　将所有查找过的匿名组中匿名网格都标记为"已分配"。

**步骤 5**　根据查找的结果，即标记为"已分配"的匿名网格，生成匿名处理结果的匿名区域。

**步骤 6**　依据匿名区域中匿名网格包含的匿名用户，为匿名组中的对应匿名用户分配生成的匿名区域。

**步骤 7**　对所有的匿名组 $GAnon_1, GAnon_2, \cdots, GAnon_N$ 执行步骤 3~6，直至每个匿名网格都被分配到一个指定的匿名区域。

具体的实现算法如下：

```
SafeGrid-CR-CONSTRUCT（GT）
Sort GT in descending order of K
j←1，Anon←GA[j]. K
For i←1 to N
Do if GT[i]. K=Anon
Then GA[j]←GT[i]
Else j++
GA[j]. K←GT[i]. K
Anon←GA[j]. K
For j←1 to n
Do for K←1 to length[GA[j]]
Do if GA[j][K]. c not in GA[j]. cell
then GA[j]. cell←GA[j]. [K]. c
While Cell has more elements
Do Cell[c]. locked←False
CR←Nil，i←1
For j←1 to n
Do Anon←GA[j]. K
While CR[i]. count＜Anon
          q=1；
Do while GA[j] has more elements
Do x←GA[j][q]. c
If x. locked=False
Then CR[i]←x
CR[i]. count+=x. count
x. locked←True
          q++；
Return CR
```

该算法是将网格表（GT）数据为输入，网格表中每条数据（GT[i]）分别存储用户当前所在的网格（GT[i]. c）以及用户要求的隐私保护级别（GT[i]. K）。表 2.5 为网格表（GT）的数据结构。

表 2.5　网格表（GT）数据结构

| 用户 | 当前网格 | 隐私保护级别 |
|---|---|---|
|  |  |  |

GA[p]是第 $p$ 个匿名组,其包含的所有用户都具有相同的隐私保护级别（GA[$p$]. K）。算法 3～12 行中包含的两个循环，将网格表（GT）中的数据分组到各个匿名组，并对每个匿名组包含的无重复网格，统计计算其所包含的用户数。算法 13～14 行将匿名组中的网格初始化为"未分配/未锁定"。其中的变量 Cell 存储所有的网格及其包含的信息。算法 16～24 行，通过两个循环进行所有匿名区域（CR）的构建：①单一匿名区域的生成：依次从系列的匿名组选取"未分配/未锁定"的网格，并将其加入一个匿名区域变量（CR[i]）中，直至 CR[i]中所有网格包含的用户数（CR[i]. count）达到每个匿名组所设定的隐私保护级别（GA[j]. k）；②生成所有的匿名区域，对剩余匿名组中的网格进行重复计算，直至生成所有的匿名区域。

下面，我们用一个实际数据给出基于安全网格方法生成匿名结果（包括匿名区域以及匿名用户集合）的具体实现过程。图 2.15 是一个实例数据的匿名用户在匿名网格空间分布的示意图，以及对应的网格表（GT）数据。

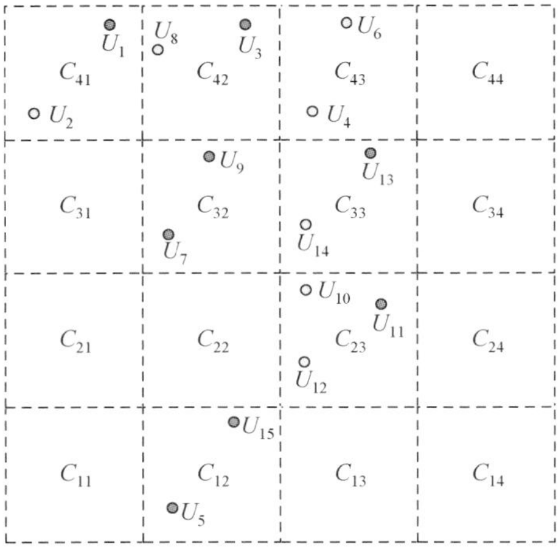

| K=3 | | K=4 | |
|---|---|---|---|
| User | Cell | User | Cell |
| $U_1$ | $C_{41}$ | $U_2$ | $C_{41}$ |
| $U_3$ | $C_{42}$ | $U_4$ | $C_{43}$ |
| $U_5$ | $C_{12}$ | $U_6$ | $C_{43}$ |
| $U_7$ | $C_{32}$ | $U_8$ | $C_{42}$ |
| $U_9$ | $C_{32}$ | $U_{10}$ | $C_{23}$ |
| $U_{11}$ | $C_{23}$ | $U_{12}$ | $C_{23}$ |
| $U_{13}$ | $C_{33}$ | $U_{14}$ | $C_{33}$ |
| $U_{15}$ | $C_{12}$ |  |  |

图 2.15　基于网格的用户分布图、初始网格表

图 2.16 所示的步骤 1 给出了将网格表（GT）中的数据，划分到不同匿名组后的结果。步骤 2 给出了分别统计每个匿名组中无重复网格包含用户数的信息。步骤 3 给出了以匿名组中的网格为单元，逐步建立匿名区域的过程。

步骤 1

| GAnon1 ($K=4$) | $\langle U_2, C_{41}\rangle$, $\langle U_4, C_{43}\rangle$, $\langle U_6, C_{43}\rangle$, $\langle U_8, C_{42}\rangle$, $\langle U_{10}, C_{23}\rangle$ $\langle U_{12}, C_{23}\rangle$ $\langle U_{14}, C_{33}\rangle$ |
|---|---|
| GAnon2 ($K=3$) | $\langle U_1, C_{41}\rangle$, $\langle U_3, C_{42}\rangle$, $\langle U_5, C_{12}\rangle$, $\langle U_7, C_{32}\rangle$, $\langle U_9, C_{32}\rangle$, $\langle U_{11}, C_{23}\rangle$, $\langle U_{13}, C_{33}\rangle$, $\langle U_{15}, C_{12}\rangle$ |

步骤 2

| GAnon1 | $C_{23}$ | $C_{33}$ | $C_{41}$ | $C_{42}$ | $C_{43}$ |
|---|---|---|---|---|---|
| ($K=4$) | 3 | 2 | 2 | 2 | 2 |
| GAnon2 | $C_{23}$ | $C_{32}$ | $C_{12}$ | $C_{41}$ | $C_{42}$ |
| ($K=3$) | 3 | 2 | 2 | 2 | 2 |

步骤 3.1

$CR_1$: [$C_{23}$, $C_{33}$]

| GAnon1 | $C_{23}$ | $C_{33}$ | $C_{41}$ | $C_{42}$ | $C_{43}$ |
|---|---|---|---|---|---|
| ($K=4$) | 3 | 2 | 2 | 2 | 2 |
| GAnon2 | $C_{23}$ | $C_{32}$ | $C_{12}$ | $C_{41}$ | $C_{42}$ |
| ($K=3$) | 3 | 2 | 2 | 2 | 2 |

步骤 3.2

$CR_1$: [$C_{23}$, $C_{33}$]; $CR_2$: [$C_{41}$, $C_{42}$]

| GAnon1 | $C_{23}$ | $C_{33}$ | $C_{41}$ | $C_{42}$ | $C_{43}$ |
|---|---|---|---|---|---|
| ($K=4$) | 3 | 2 | 2 | 2 | 2 |
| GAnon2 | $C_{23}$ | $C_{32}$ | $C_{12}$ | $C_{41}$ | $C_{42}$ |
| ($K=3$) | 3 | 2 | 2 | 2 | 2 |

步骤 3.3

$CR_1$: [$C_{23}$, $C_{33}$]; $CR_2$: [$C_{41}$, $C_{42}$]; $CR_3$: [$C_{43}$, $C_{32}$, $C_{12}$]

| GAnon1 | $C_{23}$ | $C_{33}$ | $C_{41}$ | $C_{42}$ | $C_{43}$ |
|---|---|---|---|---|---|
| ($K=4$) | 3 | 2 | 2 | 2 | 2 |
| GAnon2 | $C_{23}$ | $C_{32}$ | $C_{12}$ | $C_{41}$ | $C_{42}$ |
| ($K=3$) | 3 | 2 | 2 | 2 | 2 |

图 2.16 改进方法 CR 的建立过程

依据图 2.16 中循环进行第三步处理建立的匿名区域，可以生成对应的匿名用户集合，同时记录每次匿名处理实际达到的匿名级别，即最终生成的匿名结果如表 2.6 所示。

### 表 2.6　匿名结果表

| cloaked region | anonymization set | achieved anon |
|---|---|---|
| $CR_1$: $[C_{23}, C_{33}]$ | $AS_1$: $[U_{10}, U_{11}, U_{12}, U_{13}, U_{14}]$ | 5 |
| $CR_2$: $[C_{41}, C_{42}]$ | $AS_2$: $[U_1, U_2, U_3, U_8]$ | 4 |
| $CR_3$: $[C_{43}, C_{32}, C_{12}]$ | $AS_3$: $[U_4, U_5, U_6, U_7, U_9, U_{15}]$ | 6 |

最后，根据匿名处理的结果，更新网格表（GT）的信息，即网格表（GT）中的每个匿名用户增加匿名处理的匿名区域（CR）、匿名用户集合（AS）以及实际可达的隐私保护级别。结果如表 2.7 所示，可以看出每个用户的实际隐私水平都高于各自要求的隐私保护水平。

### 表 2.7　安全网格方法的最终匿名处理结果

| User | $U_1$ | $U_2$ | $U_3$ | $U_4$ | $U_5$ | $U_6$ | $U_7$ | …… | $U_{15}$ |
|---|---|---|---|---|---|---|---|---|---|
| $K$（reqd.） | 3 | 4 | 3 | 4 | 2 | 4 | 3 | …… | 3 |
| Cell | $C_{41}$ | $C_{41}$ | $C_{42}$ | $C_{43}$ | $C_{12}$ | $C_{43}$ | $C_{32}$ | …… | $C_{12}$ |
| CR | $CR_2$ | $CR_2$ | $CR_2$ | $CR_3$ | $CR_3$ | $CR_3$ | $CR_3$ | …… | $CR_3$ |
| $K$（achd.） | 4 | 4 | 4 | 6 | 6 | 6 | 6 | …… | 6 |

这样，当网格表（GT）中某一用户提出匿名查询的请求时，基于安全网格方法的要求，提交给应用服务器的匿名查询请求的信息格式应为：

请求的信息格式

| Request_ID | Query | CR（Cell_List） | AS（User_List） |
|---|---|---|---|

应用服务器根据提交的匿名查询请求信息，进行相应的空间运算。将返回匿名网格为单元的服务结果信息，其格式如下：

响应信息格式

| Cell_ID | Query Candidates for Cell_ID |
|---|---|

最后，匿名服务器根据网格表中用户当前所在的网格单元，过滤应用服务器返回的结果集，并将最终的相应结果返回给提出匿名请求服务的用户。

### 2.6.3 连续查询的攻击

**攻击场景 4** 如图 2.17 所示，在 $t(i)$ 时刻的用户匿名集为：$(A, B, C, D, E)$；在 $t(i-1)$ 时刻的用户匿名集为：$(A, B, F, H, G)$；在 $t(i-2)$ 时刻的用户匿名集为：$(A, H, I, J, K)$。由于三个匿名集为某一用户提出的系列连续查询，通过相关分析可知，贯穿整个匿名查询序列的用户只有用户 $A$，则用户 $A$ 必为连续匿名查询的提出者。

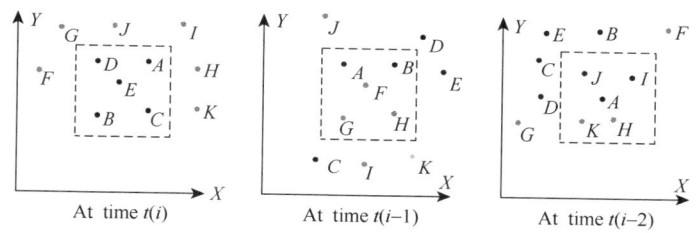

图 2.17 连续时空 K-匿名查询示意图

### 2.6.4 连续查询攻击的防护

Hu 等和 Chen 等分别提出利用初始匿名集生成连续查询期间所有匿名集的 Memorization 方法与 plain KAA 方法[50, 51]。但这两种方法均又存在随着匿名集时空区域的扩展与收缩，相应带来位置服务 QoS 下降与位置隐私暴露的问题。其示意过程如图 2.18 所示。其中，$A_1$ 是在 time1 时生成的匿名区域，其包含的匿名用户集为 $S(A_1)$。随着 $S(A_1)$ 中用户的之后运动，其形成的匿名区域的范围也逐渐扩大：time2 时形成的 $A_1$ 包含除 $S(A_1)$ 之外的 3 个用户，time3 时形成的 $A_3$ 包含 $S(A_1)$ 之外的 4 个用户。这会使得 LBS 应用服务器所需进行的空间运算量

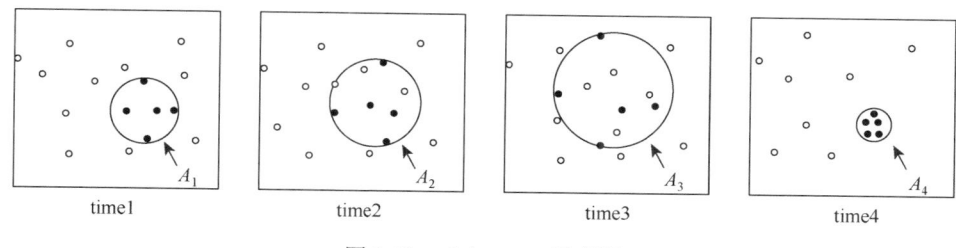

图 2.18 plain KAA 示意图

增加，降低位置服务的 QoS。同样，由于匿名用户的运动，在 time4 时形成的 $A_4$ 也包含 $S（A_1）$ 中的用户，但是由于形成的匿名区域收缩到一个很小的区域，从而使得所有 $S（A_1）$ 用户的位置隐私均暴露。

　　Chen 等进一步提出在连续查询过程中，动态利用新出现、时空邻近的移动对象进行匿名集生成的 advanced KAA 方法[51]。该方法实现的基本原理是：每次匿名处理都从上次匿名处理的匿名用户集合 $S（A_{i-1}）$ 生成。根据上次匿名处理中所有匿名用户的当前位置，首先初步生成一个匿名区域，然后从该匿名区域中选择系列的子区域。子区域的选择要满足以下 2 个条件：①至少包括 $K$ 个匿名用户；②包含提出连续查询的匿名用户以及除去 $S（A_{i-1}）$ 中匿名用户的 $j$ 个用户。$j$ 的初始值设置为 0，随着对候选子空间区域的搜索而逐渐增加，在最坏的情况下 $j=|S（A_{i-1}）|-1$。搜索过程如图 2.19 所示。

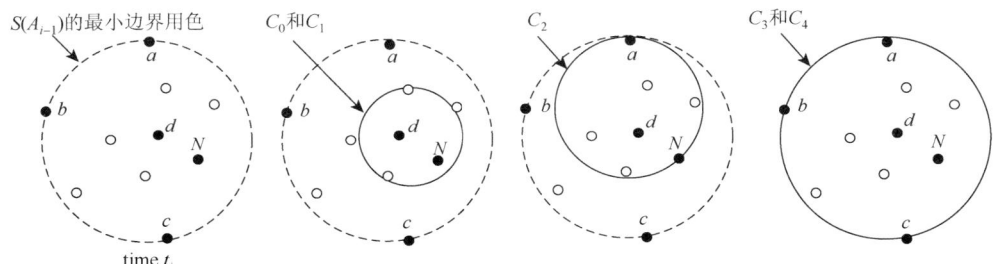

图 2.19　advanced KAA 搜索过程示意图

# 2.7　问　题　分　析

　　上述基于时空 K-匿名数据的自身关联的推理攻击以及相应的防护方法都存在一个共性的问题：只考虑到时空邻近的匿名集数据的关联。快照查询的攻击分析以及防护方法设计，只考虑攻击者只能获取用户某一时段（时间并发）的 2 个空间邻近的匿名结果，或者多个时段的多个空间邻近的匿名结果；连续查询的攻击分析以及防护方法设计，也只是考虑到一个连续查询的序列匿名结果（时空邻近）。因此，上述方法本质上属于小时空尺度范围的方法，均未考虑到攻击者获取大时空范围的匿名集，通过数据挖掘分析得到反映用户行为规律的模式，并执行基于模式对用户隐私进行推理分析的问题。攻击者基于这些模式规律的攻击，不仅能够突破上述基于小时空范围数据的推理攻击分析而设计的隐私防护方法，还可以基于模式规律预测功能产生更具威胁性的推理攻击[117]。例如，攻击者不仅可以推断匿名用户当前所处的空间位置信息，也可以推理用户的历史轨迹、预测用户的未来位置。

时空信息是匿名集数据的重要特征,时空关联规则[118]是隐藏于匿名集数据中的主要知识形式,其既是匿名集数据分析者借以提供智能服务的基础,也是攻击者对 LBS 用户的隐私进行推理攻击分析的关键[119]。因此,本书在接下来的章节中重点论述以匿名集时空关联规则为主体的知识挖掘、推理攻击以及相应的防护方法。

# 3 匿名集时空关联规则的概率化挖掘

## 3.1 相 关 概 念

时空信息是匿名集数据的主要特征，从匿名集数据中发掘的行为模式，类似于传统的移动对象数据，可以分为 3 种类型[120, 121]：绝对时间模式、相对时间模式以及序列模式。

### 3.1.1 时空关联模式

1. 绝对时间模式

该种模式反映多个对象在相同时段上的行为规律。

在动物观测领域，这种模式有助于识别聚类，例如，畜群、简单的家庭，以及捕食关系。在人类活动领域，类似的模式可以指出目的一致的人们或者由于外部原因而一起行动的人们（例如处于同一个交通工具）。很明显，被观测群体待在一起的时间越长，观测到的这个现象的可能性越大。例如，处于观测状态下的某个群体中的两只斑马在很短的时间内彼此靠近并一起行动，可被视为偶发事件。然而，如果 12 只斑马好几小时均被观测到有此行为，那么我们可以很肯定地猜测它们形成了一个小群体或者发生了某些事迫使它们聚集在一起。这种模式通常也被称为轨迹群。

移动对象的轨迹群必须满足以下条件：①空间邻近约束：在轨迹群发生的整个时间段，它所包含的成员必须处于以 $r$ 为半径的范围内，不同的时间点可能有不同的 $r$；②最小时间段约束：该轨迹群必须包含至少 $k$ 个时间单位；③频繁性约束：该轨迹群至少包含 $m$ 个成员。

移动对象的一个轨迹群可以定义为：给定一组实体的 $N$ 条轨迹，其中每个轨迹包括 $\tau$ 个线段。在时间间隔 $I$（持续时间至少为 $k$）内的群，包括至少 $m$ 个实体，因此对于 $I$ 内的每一个点有一个半径 $r$，将包含所有 $m$ 个实体，也即 $T - \text{Flock} = \{(m,k,r)|m \in N, k \in R, r > 0\}$ [15]。图 3.1 是一个轨迹群的抽象表达。图 3.2 是一组轨迹形成的包含多个轨迹群的二维表达与增加时间维度后的抽象表达。

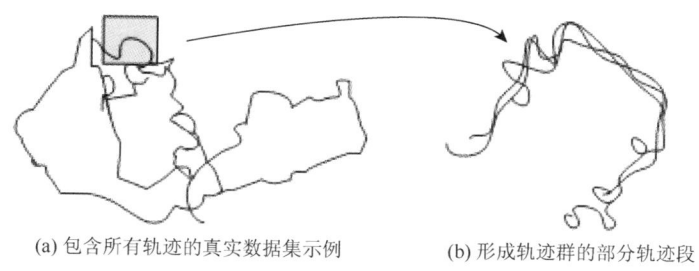

(a) 包含所有轨迹的真实数据集示例　　　　(b) 形成轨迹群的部分轨迹段

图 3.1　单一轨迹群的抽象表达

　　图 3.1 包含了从用户轨迹的真实数据集中提取的示例。图 3.1（a）描绘了轨迹群中包含的三条轨迹，图 3.1（b）是形成轨迹群的那部分轨迹。

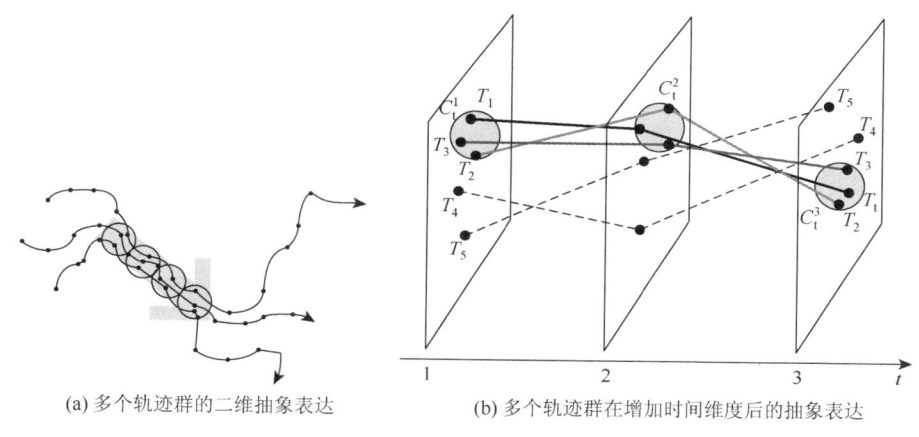

(a) 多个轨迹群的二维抽象表达　　　　(b) 多个轨迹群在增加时间维度后的抽象表达

图 3.2　多个轨迹群的抽象表达

## 2. 相对时间模式

该种模式反映多个对象在不同时段，相同时间间隔的行为规律。

　　在某些情况下，即便移动对象在空间上不形成聚类，他们也能以类似的方式活动。例如，日常路线可能使得几个人沿着同一条道路驾驶，即便他们在不同的时间离开家，或者，不同时间游览同一座城市的游客，也可能以相同的路线游览。这种形式被定义为由一系列空间位置和转移时间组成的相对时间模式，形式定义为 $T-\text{Pattern} = \left( r_0 \xrightarrow{t_1} r_1, \cdots, \xrightarrow{t_k} r_k \right)$。实例如下：

$$火车站 \xrightarrow{15分钟} 博物馆 \xrightarrow{2小时15分钟} 广场$$

$$火车站 \xrightarrow{10分钟} 中心桥 \xrightarrow{10分钟} 学校$$

　　相较于具有绝对时间的模式，其对时间维度的约束力度较小。第一个模式代表典型的游客行为：从火车站快速（15 分钟）到达博物馆，然后再从博物馆经过

2 小时 15 分钟到达一个广场。第二个模式表示一个可能跟学生的行为相关行为规律：从火车站经过 10 分钟到达中心桥，再经过 10 分钟回到学校。上述两个实例的图形表达如图 3.3 所示。

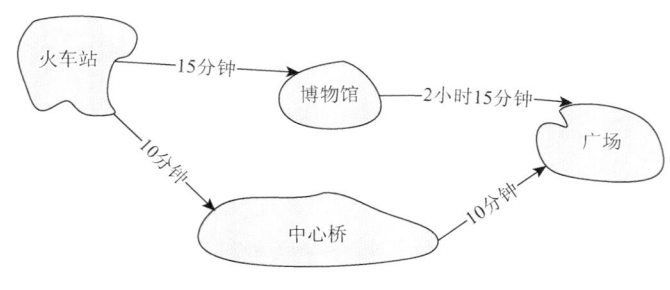

图 3.3　模式的可视化

相对时间模式的两个关键特征如下：第一，不指定两个连续区域之间的任何特定路线，而只指定一个时间间隔。在两个连续区域之间的时间间隔内，轨迹甚至可能在其他地区停止，但不会在模式中进行描述。第二，聚集在该模式中的单条轨迹不需要是同时的，加入这个模式的唯一要求是：用类似的过渡时间访问相同的地点，即使他们在不同的绝对时间开始行程。

相对时间模式挖掘算法需要包括三个主要参数：①用于形成模式的空间区域；②形成模式的轨迹最小数量，也即最小支持度阈值；③时间间隔，时间间隔决定了过渡时间的聚集方式：小于时间间隔的过渡时间将被认为是兼容的，可以被连接形成一个共同的过渡时间。

相对时间的模式定义为 $\text{TP} = (R, T, s)$，其中，$R = \langle r_0, r_1, \cdots, r_k \rangle$ 表示 $k+1$ 个空间区域；$T = \langle t_1, t_2, \cdots, t_k \rangle$ 表示 $k$ 个时间间隔，其中，任意一个时间间隔 $t_j, 1 \leq j \leq k$ 表示空间区域 $r_{j-1}$ 和空间区域 $r_j$ 之间的时间间隔；$s$ 表示模式 TP 的支持度。

**3. 序列模式**

该种模式反映多个对象行为先后顺序的规律。

在许多情况下，研究者只对部分群体所遵循的典型路线感兴趣。例如，我们只对个体所遵循的路线感兴趣，而不关注他在何时或者采用何种交通工具（汽车、自行车或者公共汽车，不同交通工具具有不同的速度，导致不同的相对时间）通过这些路线。同时还应该注意到，感兴趣的路径也可能只是漫长轨迹的一部分。这种不受时间约束的模式被称为时空序列模式。如图 3.4 所示，首先，分割每个轨迹成一系列的轨迹段；然后，基于轨迹段间的距离和方向将进行聚集分组，每个组可通过简单线段表示；最后，将连续简单线段连接形成序列模式。为表示每个轨迹段间的平均距离以及轨迹所包含轨迹点数量的不同，序列模式在图形表达上采用矩形序列的形式进行输出，轨迹段越紧密，矩形宽度越小，反之越大。

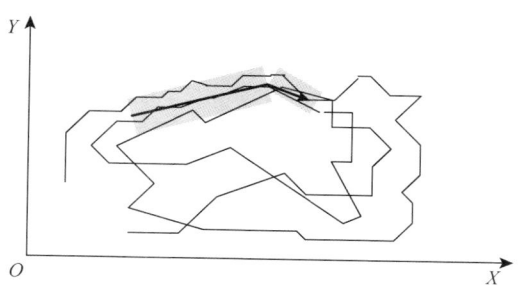

图 3.4　时空序列模式的可视化

## 3.1.2　时空关联规则

如前所述，时空关联模式通常表示频繁的模式，只使用支持度这一个度量指标。时空关联规则同时使用支持度与置信度两个指标，基于时空关联规则的预测，相对于时空关联模式具有更大可信性，通常也具有更高的预测精度。

时空关联规则通常有两种生成方式：一是从时空关联模式中间接生成，二是直接从原始的轨迹数据中挖掘得到。

### 1. 从时空关联模式中间接生成

由于时空关联规则与时空关联模式具有一对多的关系，可以从一个时空关联模式中生成一系列潜在的时空关联规则。接下来，我们以相对时间的时空关联模式为例，给出对应生成时空关联规则的过程。

相对时间的时空关联规则描绘物体如何在某一时间段在任意 2 个区域移动的情况，具体定义为 $\mathrm{TR} = \langle (r_i, \tau, c) \Rightarrow r_j \rangle$，表示即物体如果在时刻 $t$ 位于空间区域 $r_i$，则在时刻 $t+\tau$ 出现在空间区域 $r_j$ 的概率为 $c$。

因此，对于一个给定的相对时间模式 $\mathrm{TP} = (R, T, s)$，其中 $R = \langle r_0, r_1, \cdots, r_n \rangle$，$T = \langle t_1, t_2, \cdots, t_n \rangle$，则其有 $n$ 个对应的潜在的时空关联规则

$$\mathrm{TR}_1 = \langle (r_0, t_1, c) \Rightarrow r_1 \rangle$$
$$\mathrm{TR}_2 = \langle (r_1, t_2, c) \Rightarrow r_2 \rangle$$
$$\vdots$$
$$\mathrm{TR}_n = \langle (r_{n-1}, t_n, c) \Rightarrow r_n \rangle$$

### 2. 从原始的轨迹数据直接挖掘

目前，国内外学者已经提出了一系列的从序列数据库中直接挖掘得到序列规则的方法。时空关联规则的挖掘方法可以通过系列的改造，例如，通过设定限定时间等方式，从移动对象的时空序列库中直接挖掘得到时空关联规则。

目前的序列规则挖掘方法的研究成果包括：用在股市分析、气象观测以及干旱灾害管理的只能挖掘在单一序列中的事件（集）之间的序列规则。Fournier-Viger P 等提出了挖掘共同存在于多个序列的序列规则的 CMrules 方法[122, 123]。但是，CMrules 方法采用候选生成与测试的模式进行序列规则的挖掘会产生大量的无用候选，会大大降低挖掘的效率。因此，他们后续提出了基于序列规则动态扩展的 rulegrowth 方法[124]。CMRules 与 rulegrowth 方法都需要数据挖掘者手工设置序列规则挖掘的最小支持度 $Seq_{Sup_{min}}$ 与最小置信度 $Seq_{conf_{min}}$ 阈值，阈值太小会产生大量的序列规则，阈值太大会遗漏某些重要的序列规则。因此，数据挖掘者通常需要依据自身的经验，反复进行阈值的调整方可获取较为理想的效果，Fourhier-Viger 和 Tseng 提出了挖掘 top-K 序列规则的 topSeqrules 算法，只需设定挖掘序列规则数量 $K$ 值参数，即可获取理想的 $K$ 个序列规则[125]。

但是，匿名集数据与移动对象数据具有显著的不同特性：匿名用户的时空信息与查询请求标识信息均具有泛化、随机特性。因此，针对匿名集数据的时空关联规则挖掘方法应该充分考虑到数据的不确定性。

目前，对于不确定数据的关联规则挖掘的经典算法主要有 3 种

（1）Chui 等[126]提出的采用期望支持度计数来取代传统项集的支持度计数，并对传统 apriori 算法进行改进，提出的 U-apriori 算法。

（2）Bernecher 等提出了改进基于频繁模式树 FP-tree（frequent pattern tree）的方法[127]。

（3）Leung 等提出的 UF-growth 算法[128]。

但是，这些方法虽然考虑了数据的概率化特性，却缺少对匿名数据中时空特性的分析。

因此，上述两类方法都不能直接应用于匿名集数据中时空关联规则的挖掘，需要研究一种同时考虑匿名集数据时空特性与泛化不确定特性的时空关联规则挖掘方法。

## 3.2　基 本 定 义

依据本书作者承担课题的研究内容，只研究涉及匿名集数据的时空序列规则（简称序列规则）的挖掘方法。为此，我们先对连续查询的匿名集 SAR 进行简化，

简化后的连续查询匿名集定义如下。

**定义 3.1** $\text{siSAR} = \{\text{siAS}_1, \text{siAS}_2, \cdots, \text{siAS}_n\}$ 表示一个只考虑时空特性的连续查询生成的匿名集，其中 $\text{siAS}_i = \{\text{CR}\}(1 \leq i \leq n)$，只通过 $\text{siAS}_i$ 中 $i$ 值的大小反映先后顺序，反映不同快照查询匿名集的时间关系。因此，$\text{siSAR}$ 实际上是匿名空间区域 CR 的序列，可以简记为 $\text{siSAR} = \{\text{CR}_1, \text{CR}_2, \cdots, \text{CR}_n\}$，$n$ 称为该序列的长度。

$\text{CR} = \{\text{Cell}_1, \text{Cell}_2, \cdots, \text{Cell}_m\}$，$\text{Cell}_i$（$1 \leq i \leq m$）由细粒度的简单空间几何图形（例如，矩形、圆形等）构成，同一个 $\text{Cell}_i$ 只能在一个 siAS 的 CR 中出现一次，但可以多次出现在不同 siAS 的 CR 中。这满足传统的序列模式以及序列规则挖掘算法，满足对于序列数据中的构成项的要求。

**定义 3.2** $\text{sePat} = \{\text{Cell}_1, \text{Cell}_2, \cdots, \text{Cell}_n\}, n \geq 1$ 称为一个空间网络 Cell 的序列模式，其中对于任意两个空间网格 $\text{Cell}_i \in \text{sePat}, \text{Cell}_{i+1} \in \text{sePat}, 1 \leq i \leq n-1$ 都具有发生在 $\text{Cell}_{i+1}$ 事件的时间先于发生在 $\text{Cell}_i$ 事件的时间的表达。

**定义 3.3** 给定一个空间网络序列模式 $\text{sePat} = \{\text{Cell}_1, \text{Cell}_2, \cdots, \text{Cell}_m\}, m \geq 1$ 和一个匿名空间区域序列 $\text{siSAR} = \{\text{CR}_1, \text{CR}_2, \cdots, \text{CR}_n\}, n \geq m$，如果存在一个连续的整数序列 $1 \leq (i+1), (i+2), \cdots, (i+m) \leq n, 0 \leq i \leq n-m$，使得 sePat 中的任一空间空格 $\text{Cell}_j$ 都对应包含于 siSAR 中的匿名空间区域 $\text{CR}_{i+j}, 1 \leq j \leq m$，也即满足条件 $(\text{sePat} \cdot \text{Cell}_j) \in (\text{siSAR} \cdot \text{CR}_{i+j}), 1 \leq j \leq m$，则称匿名空间区域序列 siSAR 包含空间网络序列模式 sePat，记为 $\text{siSAR} \supseteq \text{sePat}$，又称 siSAR 支持 sePat，支持度计算公式为 $\text{Supp}_{\text{siSAR}}^{\text{sePat}} = \prod_{j=1}^{m} \dfrac{1}{\text{Count}(\text{CR}_{i+j})}$，$\text{Count}(\text{CR}_{i+j})$ 表示匿名空间区域 $\text{CR}_{i+j}$ 中包含的空间网格的数量。

**定义 3.4** 给定一个匿名空间区域序列的数据库 $\text{SeD} = \{\text{siSAR}_1, \text{siSAR}_2, \cdots, \text{siSAR}_n\}, n \geq 1$ 和一个空间网络序列模式 $\text{sePat} = \{\text{Cell}_1, \text{Cell}_2, \cdots, \text{Cell}_m\}, m \geq 1$，则 SeD 支持 sePat 的支持度计算公式为 $\text{Supp}_{\text{SeD}}^{\text{sePat}} = \dfrac{\sum_{i=1}^{n} \text{Supp}_{\text{siSAR}_i}^{\text{sePat}}}{n}$，$\text{siSAR}_i \in \text{SeD}$，$n$ 为 SeD 中序列的数量。如果进一步满足条件 $\text{Supp}_{\text{SeD}}^{\text{sePat}} \geq \text{Seq}_{\text{Sup}_{\min}}$，$\text{Seq}_{\text{Sup}_{\min}}$ 为用户设定的支持度阈值，则称 sePat 为频繁的空间网络序列模式，简称频繁的序列模式。

**定义 3.5** 定义 $\text{SeRule} = (\langle \text{Cell}_p \Rightarrow \text{Cell}_n \rangle, \alpha, \beta)$ 为一个空间网络序列规则，$\text{Cell}_p$ 称为规则的前项，$\text{Cell}_n$ 称为规则的后项，SeRule 对应的网络序列模式为 $\text{sePat}_{\text{SeRule}} = \{\text{Cell}_p, \text{Cell}_n\}$，$\text{Cell}_p$ 对应的网络序列模式为 $\text{sePat}_{\text{Cell}_p} = \{\text{Cell}_p\}$。$\alpha$ 表示匿名空间区域序列的数据库 SeD 对 SeRule 的支持度，记为 $\alpha = \text{Supp}_{\text{SeD}}^{\text{SeRule}}$，其等同于 SeD 对 $\text{sePat}_{\text{SeRule}}$ 的支持度，也即 $\alpha = \text{Supp}_{\text{SeD}}^{\text{SeRule}} = \text{Supp}_{\text{SeD}}^{\text{sePat}_{\text{SeRule}}}$。$\beta$ 表示 SeD 对

SeRule 的置信度, 记为 $\beta = \text{Conf}_{\text{SeD}}^{\text{SeRule}}$, 其计算公式为 $\beta = \text{Conf}_{\text{SeD}}^{\text{SeRule}} = \dfrac{\text{Supp}_{\text{SeD}}^{\text{SeRule}}}{\text{Supp}_{\text{SeD}}^{\text{sePat}_{\text{Cell}_p}}}$。

如果满足条件 $\text{Supp}_{\text{SeD}}^{\text{sePat}_{\text{SeRule}}} \geqslant \text{Seq}_{\text{Sup}_{\min}}$, $\text{Seq}_{\text{Sup}_{\min}}$ 为用户设定的支持度阈值, 也即 $\text{sePat}_{\text{SeRule}}$ 为频繁的序列模式, 而且 $\text{Conf}_{\text{SeD}}^{\text{SeRule}} \geqslant \text{Seq}_{\text{conf}_{\min}}$, $\text{Seq}_{\text{conf}_{\min}}$ 为用户设定的置信度阈值, 则称 SeRule 为强规则。

## 3.3　算法实现

直接生成空间网络序列规则的算法实现伪代码如下。

**算法**　GenSeRule

输入: 匿名空间区域序列的数据库

$\text{SeD} = \{\text{siSAR}_1, \text{siSAR}_2, \cdots, \text{siSAR}_n\}, n \geqslant 1$, 最小支持度阈值 $\text{Seq}_{\text{Sup}_{\min}}$, 最小置信度阈值 $\text{Seq}_{\text{conf}_{\min}}$。

输出: 满足条件的所有空间网络序列规则 SeRuleSet。

1. $\text{SeRuleSet} = \varphi$

2. $\text{FrequentCellSet} = \varphi$

3. $\text{DifCellSet} = \text{GetDifAllCell}(\text{SeD})$

4. for each $\text{Cell} \in \text{DifCellSet}$ {

5. $\text{CellSupp} = 0$

6. for each $\text{siSAR} \in \text{SeD}$ { $\text{CellSupp}+ = \dfrac{\text{GetSupp}(\text{Cell}, \text{siSAR})}{\text{SeD} \cdot \text{count}}$ }

7. if $\text{CellSupp} \geqslant \text{Seq}_{\text{Sup}_{\min}}$ { $\text{FrequentCellSet} \cdot \text{add}(\text{Cell}, \text{CellSupp})$ }

8. }

9. for each $\text{Cell}_p \in \text{FrequentCellSet}$ {

10. for each $\text{Cell}_n \in \text{FrequentCellSet}$ {

11. if $\text{Cell}_p \neq \text{Cell}_n$ {

12. $\text{sePat} = \text{GetCombsePat}(\text{Cell}_p, \text{Cell}_n)$

13. $\text{PatSupp} = 0$

14. for each $\text{siSAR} \in \text{SeD}$ { $\text{PatSupp}+ = \text{GetsePatSupp}(\text{sePat}, \text{siSAR})$ }

15. if $\text{PatSupp} \geqslant \text{Seq}_{\text{Sup}_{\min}}$ {

16. $\text{CellSupp} = \text{GetCellSupp}(\text{Cell}_p, \text{FrequentCellSet})$

17. $\text{conf} = \dfrac{\text{PatSupp}}{\text{CellSupp}}$

18. if conf $\geqslant$ Seq$_{\text{conf}_{\min}}$ $\left\{$ SeRuleSet $\cdot$ addSeRule$\left(\text{Cell}_p \Rightarrow \text{Cell}_n, \text{PatSupp}, \text{conf}\right)\right\}$

19. }

20. }

21. }

22. }

23. return SeRuleSet

其中，第 1～2 行是对记录所有规则集合变量 SeRuleSet 和记录所有频繁空间网络集合变量 FrequentCellSet 的空值初始化。第 3 行利用函数 GetDifAllCell 得到数据库 SeD 中所有匿名空间区域序列涉及的非重复的空间网络。第 4～8 行通过计算数据库 SeD 中所有匿名空间区域序列对于非重复空间网格的支持度，得到所有频繁的空间网格。其中，第 6 行依照定义 4.3 对计算数据库 SeD 中匿名空间区域序列 siSAR 对于空间网格 Cell 的支持度，此处我们认为 Cell 是只包含一个成员的序列模式。第 7 行将满足支持度阈值限定条件的频繁网格及其支持度加入到变量 FrequentCellSet 中。

第 9～23 行通过组合频繁空间网格得到网络序列模式，并通过支持度、置信度的计算以及设定阈值的比较最终得到所有的网格序列强规则。其中，第 9～12 行对变量 FrequentCellSet 中的频繁空间网格进行遍历组合，得到包含不同空间网格成员的序列模式 sePat。第 13～14 行依照定义 3.3 得到数据库 SeD 对于组合序列模式 sePat 的支持度。第 15～17 行对满足设定支持度阈值限定条件的组合序列模式 sePat，依照定义 3.5 进行对应序列规则的置信度的计算。第 18 行，从满足设定置信度阈值限定条件的序列模式 sePat，得到对应的序列规则，并将其存储到变量 FrequentCellSet 中。第 23 行，返回运算结果。

## 3.4　实　例　分　析

为了增进对上述算法的理解，我们接下来结合具体实例进行说明。

（1）给定一个包含 3 个匿名空间区域序列的数据库，其基本信息如表 3.1 所示，其图示表达如图 3.5 所示。

表 3.1　连续查询的匿名网格序列

| 编号 | 序列 |
|---|---|
| $S_1$ | $\{\{A,B,C\},\{D,E,F\},\{G,H,I,J\}\}$ |
| $S_2$ | $\{\{A,C\},\{D,E,K\},\{G,H\}\}$ |
| $S_3$ | $\{\{A,C,L\},\{D,K\},\{M,G\},\{N,O\}\}$ |

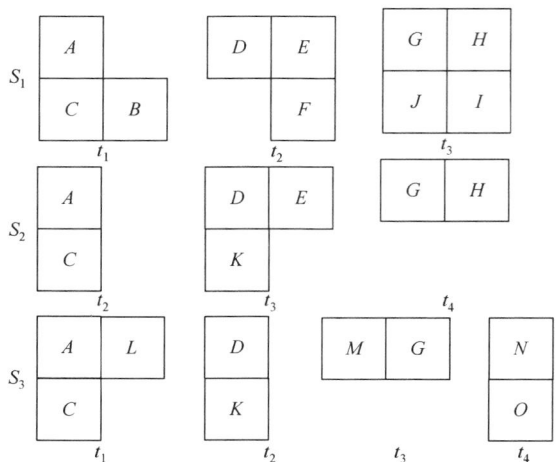

图 3.5　表中数据的图形表达

（2）得到所有的非重复的空间网格集合，此处为 $\{A,B,C,D,E,F,G,H,I,$ $J,K,L,M,N,O\}$。

（3）依照定义 3.3 计算所有序列对于所有的非重复空间网格的支持度，如表 3.2、表 3.3 所示。

**表 3.2　匿名空间区域序列对空间网格的支持度**

| $S_1$ | |
| --- | --- |
| 网格 | 支持度 |
| [A] | 1/9 |
| [B] | 1/9 |
| [C] | 1/9 |
| [D] | 1/9 |
| [E] | 1/9 |
| [F] | 1/9 |
| [G] | 1/12 |
| [H] | 1/12 |
| [I] | 1/12 |
| [J] | 1/12 |

| $S_2$ | |
| --- | --- |
| 网格 | 支持度 |
| [A] | 1/6 |
| [B] | 0 |
| [C] | 1/6 |
| [D] | 1/9 |
| [E] | 1/9 |
| [F] | 0 |
| [G] | 1/6 |
| [H] | 1/6 |
| [I] | 0 |
| [J] | 0 |
| [K] | 1/9 |

| $S_3$ | |
| --- | --- |
| 网格 | 支持度 |
| [A] | 1/9 |
| [B] | 0 |
| [C] | 1/9 |
| [D] | 1/6 |
| [E] | 0 |
| [F] | 0 |
| [G] | 1/6 |
| [H] | 0 |
| [I] | 0 |
| [J] | 0 |
| [K] | 1/6 |
| [L] | 1/9 |
| [M] | 1/6 |
| [N] | 1/6 |
| [O] | 1/6 |

表 3.3 网格列表

| 网格 | 支持度计数 | | | 网格 | 支持度计数 | | |
|---|---|---|---|---|---|---|---|
| [A] | 7/18 | 14/36 | 28/72 | [I] | 1/12 | 3/36 | 6/72 |
| [B] | 1/9 | 4/36 | 8/72 | [J] | 1/12 | 3/36 | 6/72 |
| [C] | 7/18 | 14/36 | 28/72 | [K] | 5/18 | 10/36 | 20/72 |
| [D] | 7/18 | 14/36 | 28/72 | [L] | 1/9 | 4/36 | 8/72 |
| [E] | 2/9 | 8/36 | 16/72 | [M] | 1/6 | 6/36 | 12/72 |
| [F] | 1/9 | 4/36 | 8/72 | [N] | 1/6 | 6/36 | 12/72 |
| [G] | 5/12 | 15/36 | 30/72 | [O] | 1/6 | 6/36 | 12/72 |
| [H] | 1/4 | 9/36 | 18/72 | | | | |

（4）设定支持度阈值 $\text{Seq}_{\text{Sup}_{\min}} = 8/72$，得到频繁的空间网格如表 3.4 所示。

表 3.4 频繁 1 模式

| 时空 | 支持度计数 | 时空 | 支持度计数 |
|---|---|---|---|
| [A] | 28/72 | [H] | 18/72 |
| [B] | 8/72 | [K] | 20/72 |
| [C] | 28/72 | [L] | 8/72 |
| [D] | 28/72 | [M] | 12/72 |
| [E] | 16/72 | [N] | 12/72 |
| [F] | 8/72 | [O] | 12/72 |
| [G] | 30/72 | | |

（5）组合频繁的空间网格得到序列模式，并计算支持度如表 3.5 所示。

表 3.5 组合得到长度为 2 的序列模式

| 2 模式 | 支持度 | 2 模式 | 支持度 | 2 模式 | 支持度 | 2 模式 | 支持度 | 2 模式 | 支持度 |
|---|---|---|---|---|---|---|---|---|---|
| [A]→[B] | 0 | [A]→[L] | 0 | [B]→[F] | 1/27 | [C]→[A] | 0 | [C]→[L] | 0 |
| [A]→[C] | 0 | [A]→[M] | 1/18 | [B]→[G] | 1/36 | [C]→[B] | 0 | [C]→[M] | 1/18 |
| [A]→[D] | 4/27 | [A]→[N] | 1/18 | [B]→[H] | 1/36 | [C]→[D] | 4/27 | [C]→[N] | 1/18 |
| [A]→[E] | 1/18 | [A]→[O] | 1/18 | [B]→[K] | 0 | [C]→[E] | 5/18 | [C]→[O] | 1/18 |
| [A]→[F] | 1/27 | [B]→[A] | 0 | [B]→[L] | 0 | [C]→[F] | 1/27 | [D]→[A] | 0 |
| [A]→[G] | 1/6 | [B]→[C] | 0 | [B]→[M] | 0 | [C]→[G] | 1/6 | [D]→[B] | 0 |
| [A]→[H] | 1/9 | [B]→[D] | 1/27 | [B]→[N] | 0 | [C]→[H] | 1/9 | [D]→[C] | 0 |
| [A]→[K] | 1/12 | [B]→[E] | 1/27 | [B]→[O] | 0 | [C]→[K] | 1/9 | [D]→[E] | 0 |

续表

| 2模式 | 支持度 | 2模式 | 支持度 | 2模式 | 支持度 | 2模式 | 支持度 | 2模式 | 支持度 |
|---|---|---|---|---|---|---|---|---|---|
| [D]→[F] | 0 | [F]→[L] | 0 | [K]→[A] | 0 | [M]→[E] | 0 | [N]→[K] | 0 |
| [D]→[G] | 1/6 | [F]→[M] | 0 | [K]→[B] | 0 | [M]→[F] | 0 | [N]→[L] | 0 |
| [D]→[H] | 1/12 | [F]→[N] | 0 | [K]→[C] | 0 | [M]→[G] | 0 | [N]→[M] | 0 |
| [D]→[K] | 0 | [F]→[O] | 0 | [K]→[D] | 0 | [M]→[H] | 0 | [N]→[O] | 0 |
| [D]→[L] | 0 | [G]→[A] | 0 | [K]→[E] | 0 | [M]→[K] | 0 | [O]→[A] | 0 |
| [D]→[M] | 1/12 | [G]→[B] | 0 | [K]→[F] | 0 | [M]→[L] | 0 | [O]→[B] | 0 |
| [D]→[N] | 1/12 | [G]→[C] | 0 | [K]→[G] | 5/36 | [M]→[N] | 1/12 | [O]→[C] | 0 |
| [D]→[O] | 1/12 | [G]→[D] | 0 | [K]→[H] | 1/36 | [M]→[O] | 1/12 | [O]→[D] | 0 |
| [E]→[A] | 0 | [G]→[E] | 0 | [K]→[L] | 0 | [N]→[A] | 0 | [O]→[E] | 0 |
| [E]→[B] | 0 | [G]→[F] | 0 | [K]→[M] | 1/12 | [N]→[B] | 0 | [O]→[F] | 0 |
| [E]→[C] | 0 | [G]→[H] | 0 | [K]→[N] | 1/12 | [N]→[C] | 0 | [O]→[G] | 0 |
| [E]→[D] | 0 | [G]→[K] | 0 | [K]→[O] | 1/12 | [N]→[D] | 0 | [O]→[H] | 0 |
| [E]→[F] | 0 | [G]→[L] | 0 | [L]→[A] | 0 | [N]→[E] | 0 | [O]→[K] | 0 |
| [E]→[G] | 1/12 | [G]→[M] | 0 | [L]→[B] | 0 | [N]→[F] | 0 | [O]→[L] | 0 |
| [E]→[H] | 1/12 | [G]→[N] | 1/12 | [L]→[C] | 0 | [N]→[G] | 0 | [O]→[M] | 0 |
| [E]→[K] | 0 | [G]→[O] | 1/12 | [L]→[D] | 1/18 | [N]→[H] | 0 | [O]→[N] | 0 |
| [E]→[L] | 0 | [H]→[A] | 0 | [L]→[E] | 0 | | | | |
| [E]→[M] | 0 | [H]→[B] | 0 | [L]→[F] | 0 | | | | |
| [E]→[N] | 0 | [H]→[C] | 0 | [L]→[G] | 1/18 | | | | |
| [E]→[O] | 0 | [H]→[D] | 0 | [L]→[H] | 0 | | | | |
| [F]→[A] | 0 | [H]→[E] | 0 | [L]→[K] | 1/18 | | | | |
| [F]→[B] | 0 | [H]→[F] | 0 | [L]→[M] | 1/18 | | | | |
| [F]→[C] | 0 | [H]→[G] | 0 | [L]→[N] | 1/18 | | | | |
| [F]→[D] | 0 | [H]→[K] | 0 | [L]→[O] | 1/18 | | | | |
| [F]→[E] | 0 | [H]→[L] | 0 | [M]→[A] | 0 | | | | |
| [F]→[G] | 1/36 | [H]→[M] | 0 | [M]→[B] | 0 | | | | |
| [F]→[H] | 1/36 | [H]→[N] | 0 | [M]→[C] | 0 | | | | |
| [F]→[K] | 0 | [H]→[O] | 0 | [M]→[D] | 0 | | | | |

（6）设定支持度阈值 $\mathrm{Seq_{Sup_{min}}} = 8/72$，得到频繁的序列模式如表 3.6 所示。

表 3.6 组合得到长度为 2 的序列模式（续 2）

| 2 模式 | 支持度 | 2 模式 | 支持度 |
|---|---|---|---|
| $[A] \rightarrow [D]$ | 4/27 | $[C] \rightarrow [D]$ | 4/27 |
| $[A] \rightarrow [G]$ | 1/6 | $[C] \rightarrow [E]$ | 5/18 |
| $[A] \rightarrow [H]$ | 1/9 | $[C] \rightarrow [G]$ | 1/6 |
| $[D] \rightarrow [G]$ | 1/6 | $[C] \rightarrow [H]$ | 1/9 |
| $[K] \rightarrow [G]$ | 5/36 | $[C] \rightarrow [K]$ | 1/9 |

（7）计算上述频繁序列模式的置信度，得到结果如表 3.7 所示。

表 3.7 组合得到长度为 2 的序列模式

| 2 模式 | 支持度 | 前项支持度 | 置信度 | 2 模式 | 支持度 | 前项支持度 | 置信度 |
|---|---|---|---|---|---|---|---|
| $[A] \rightarrow [D]$ | 4/27 | 8/27 | 28/72 | $[C] \rightarrow [D]$ | 4/27 | 8/27 | 28/72 |
| $[A] \rightarrow [G]$ | 1/6 | 3/7 | 28/72 | $[C] \rightarrow [E]$ | 5/18 | 5/7 | 28/72 |
| $[A] \rightarrow [H]$ | 1/9 | 2/7 | 28/72 | $[C] \rightarrow [G]$ | 1/6 | 3/7 | 28/72 |
| $[D] \rightarrow [G]$ | 1/6 | 3/7 | 28/72 | $[C] \rightarrow [H]$ | 1/9 | 2/7 | 28/72 |
| $[K] \rightarrow [G]$ | 5/36 | 1/2 | 20/72 | $[C] \rightarrow [K]$ | 1/9 | 2/7 | 28/72 |

（8）设定置信度阈值为 $\mathrm{Seq_{Conf_{min}}} = 1/2$，得到强规则的结果如表 3.8 所示。

表 3.8 强规则

| 规则 | 支持度 | 置信度 |
|---|---|---|
| $[C] \rightarrow [E]$ | 5/18 | 28/72 |
| $[K] \rightarrow [G]$ | 5/36 | 20/72 |

## 3.5 问 题 分 析

序列规则同时使用支持度与置信度两个性能度量指标。基于序列规则的预测，相对于时空关联模式具有更大可信性，具有更高的预测精度。从大时空尺度匿名集挖掘分析得到的序列规则，可以用于移动通信、智能交通等领域。例如，基于匿名集序列规则的推理功能可以用于移动通信领域的位置管理、呼叫控制管理、软切换以及资源预留等应用的辅助决策，而智能交通领域则可将基于序列规则的位置预测用于城市交通规划、实时交通导航等应用。

基于序列规则的位置预测过程如下：

（1）可根据 LBS 用户的需要以及相关地理背景知识，指定某一空间区域为预测的目标区域（target region，TR）。

（2）将目标区域与所有序列规则的后项对应的空间网格进行匹配运算，得到所有目标匹配的序列规则（matching target region rules，MTRRs）。

（3）获取某一用户当前所处的位置（current location，CL），并将其所有目标匹配的序列规则（MTRRs）的前项所对应的空间网格进行匹配预算，如果匹配成功，则得到可用于预测的序列规则（predictive rules，PRs）。

（4）基于可用预测的序列规则（PRs），做出从用户当前位置（CL）到达目标区域（TR）的概率为用于预测的序列规则（PRs）置信度的预测推断。

下面我们结合实例说明预测分析的过程：表 3.9 是一组匿名集序列规则的示例数据，我们设定空间网格 $F$ 所对应的区域为目标区域，基于匹配运算结果可知规则 7～9 为目标匹配的序列规则，我们再假定用户当前位置匹配的空间网格为 $D$，则规则 8 即为可用于预测的序列规则，基于该条规则，我们可以做出用户从当前位置 $D$ 到达目标区域 $F$ 的概率为 0.9 的预测推断。

表 3.9　匿名集序列规则的示例数据

| 序号 | 序列规则 | 置信度 |
| --- | --- | --- |
| 1 | $A \to B$ | 0.2 |
| 2 | $A \to C$ | 0.5 |
| 3 | $A \to D$ | 0.2 |
| 4 | $B \to C$ | 0.7 |
| 5 | $B \to E$ | 0.3 |
| 6 | $C \to D$ | 0.1 |
| 7 | $C \to F$ | 0.6 |
| 8 | $D \to F$ | 0.9 |
| 9 | $E \to F$ | 0.8 |

　　直接使用匿名集序列规则的位置预测方法，优点是方法简单，实现速度快。但缺点是只能进行针对直接到达的单步预测，很难应用于对位置预测具有精确、复杂路径要求的应用场景[129]。本书在接下来的章节给出将传统概率统计的推理方法与序列规则进行融合，以提供精确、多步推理的位置预测方法。

# 4 基于匿名集序列规则转移概率矩阵的多步推理

序列规则置信度与马尔可夫链的条件概率的统计意义具有一致性，序列规则置信度不随时间变化的特性与马尔可夫链的齐次性也具有一致性。因此，我们提出了一种融合概率统计与数据挖掘两种典型技术——马尔可夫链与序列规则，对匿名数据集中包含的特定空间区域进行预测的方法。方法包括 3 个过程：①分析序列规则、马尔可夫过程的共同特点；②以匿名数据集序列规则的均一化置信度为初始转移概率，构建 $n$ 步转移概率矩阵；③设计以 $n$ 步转移概率矩阵进行概略 $n$ 步预测的方法以及改进的精确 $n$ 步预测方法。最后，我们对基于 $n$ 步预测的推理攻击问题进行了分析。

## 4.1 马尔可夫链

$n$ 步转移概率矩阵涉及以下基本定义[130]：

**定义 4.1** $\{X_n, n \in T\}$ 表示一个马尔可夫过程，其中，参数 $T$ 是离散的时间集合，即 $T = \{0,1,2,\cdots\}$，其相应随机变量 $X_n$ 的所有可能取值的集合 $I = \{i_0, i_1, i_2, \cdots\}$ 称为"状态空间"。

**定义 4.2** 若一个马尔可夫过程 $\{X_n, n \in T\}$ 满足条件：$P(X_{n+1} = x | X_1 = x_1, X_2 = x_2, \cdots, X_n = x_n) = P(X_{n+1} = x | X_n = x_n)$，也即 $X_{n+1}$ 相对于过去状态的条件概率分布，仅是 $X_n$ 的一个函数，则称 $\{X_n, n \in T\}$ 为马尔可夫链。

LBS 用户在连续匿名查询过程中，依照匿名集序列规则中包含空间区域的运动过程，可看作具有随机特性的一个马尔可夫过程。例如，匿名集序列规则 $A \to B(\text{Seq}_{\text{Sup}}, \text{Seq}_{\text{Conf}})$ 中，后项集 $B$ 发生的概率只与前项集 $A$ 有关，即 LBS 用户在某一空间区域发生匿名查询的概率，只取决于其前一次匿名查询时所处的空间区域。因此，LBS 用户在连续匿名查询过程对应的马尔可夫过程也是马尔可夫链。

**定义 4.3** 条件概率 $p_{ij}(n) = P(X_{n+1} = j, X_n = i)$，表示马尔可夫链 $\{X_n, n \in T\}$ 在时刻 $n$ 处于状态 $i$ 的条件下，时刻 $n+1$ 处于状态 $j$ 的概率。$p_{ij}(n)$ 也称为马尔可夫链 $\{X_n, n \in T\}$ 在时刻 $n$ 的 1 步转移概率。如果 $p_{ij}(n)$ 取值与 $n$ 无关，则 $\{X_n, n \in T\}$ 为齐次马尔可夫链，简记 $p_{ij}(n)$ 为 $p_{ij}$。

对于匿名集序列规则 $A \to B(\text{Seq}_{\text{Sup}}, \text{Seq}_{\text{Conf}})$，由于 $A \to B$ 只表示项集 $A$、项集

$B$ 发生的先后顺序，也即 LBS 用户在项 $A$ 集、项集 $B$ 包含的空间区域提出匿名请求的先后关系，与具体的匿名请求发生时间无关。因此，匿名集序列规则对应的马尔可夫链也为齐次马尔可夫链。

## 4.2　数据归一化处理

**定义 4.4**　若 $P^{(1)}$ 为马尔可夫链 $\{X_n, n \in T\}$ 的所有 1 步转移概率 $p_{ij}$ 组成的矩阵，且具有性质：① $p_{ij} \geqslant 0, i,j \in I$；② $\sum\limits_{j \in I} p_{ij} = 1, i \in I$，则称 $P^{(1)}$ 为 1 步转移概率矩阵。

但是，序列规则是基于用户设定的支持度阈值和置信度阈值从序列数据库中发现的，序列规则的置信度对应的转移概率并不满足 $\sum\limits_{j \in I} p_{ij}^{(n)} = 1$ 的限定条件，必须要进行归一化操作，才能生成齐次马尔可夫链的 1 步转移矩阵。例如，表 3.11 数据对应马尔可夫链的状态空间为 $I=\{A,\ B,\ C,\ D,\ E,\ F\}$，所对应 1 步转移概率的图形表达如图 4.1 所示。

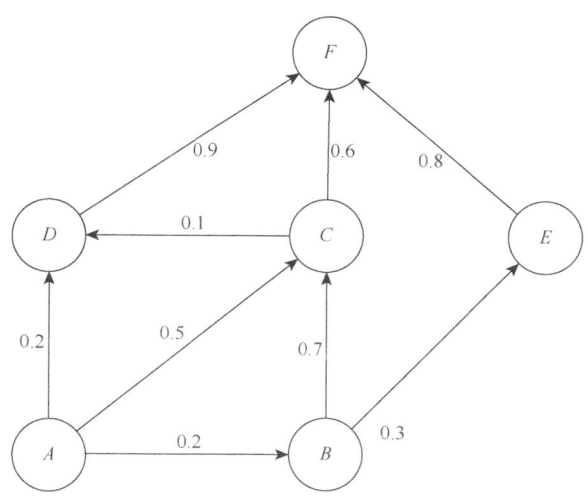

图 4.1　原始序列规则数据的 1 步转移概率

可以看出，图 4.1 中从 $A$ 出发的 1 步转移概率之和就不为 1：$\sum\limits_{i \in \{B,C,D\}} p_{Ai} = p_{AB} + p_{AC} + p_{AD} = 0.9$。

归一化操作处理的过程如式（4.1）所示。

$$p'_{AB} = \frac{p_{AB}}{p_{AB} + p_{AC} + p_{AD}} = \frac{0.2}{0.2 + 0.5 + 0.2} = 0.2222$$

$$p'_{AC} = \frac{p_{AC}}{p_{AB} + p_{AC} + p_{AD}} = \frac{0.5}{0.2 + 0.5 + 0.2} = 0.5556 \qquad (4.1)$$

$$p'_{AD} = \frac{p_{AD}}{p_{AB} + p_{AC} + p_{AD}} = \frac{0.2}{0.2 + 0.5 + 0.2} = 0.2222$$

对图 4.1 中所有状态进行归一化处理后，得到的 1 步转移概率矩阵如式（4.2）所示，其图形表达如图 4.2 所示。

$$P^{(1)} = \begin{bmatrix} & A & B & C & D & E & F \\ A & 0 & 0.2222 & 0.5556 & 0.2222 & 0 & 0 \\ B & 0 & 0 & 0.7 & 0 & 0.3 & 0 \\ C & 0 & 0 & 0 & 0.1429 & 0 & 0.8571 \\ D & 0 & 0 & 0 & 0 & 0 & 1 \\ E & 0 & 0 & 0 & 0 & 0 & 1 \\ F & 0 & 0 & 0 & 0 & 0 & 0 \end{bmatrix} \qquad (4.2)$$

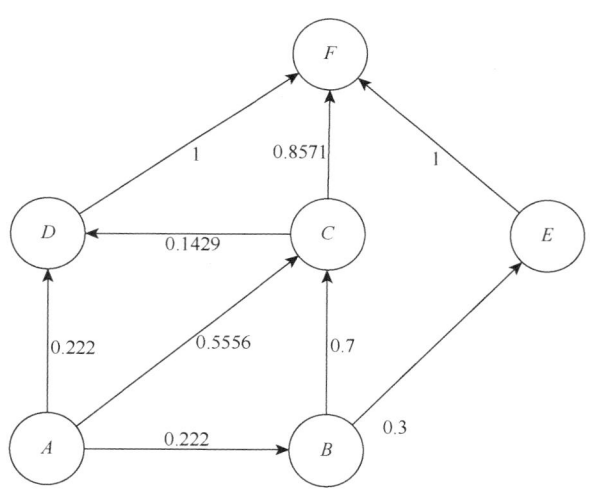

图 4.2　归一化序列规则数据的 1 步转移概率

归一化算法实现程序的伪代码如下

**算法 4.1**　归一化（normalization）

输入：存储 1 步转移矩阵的矩阵 M 。

输出：归一化后的 1 步转移矩阵 M 。

1. { Count = M · count ;

//1 步转移矩阵的规则条数

2. For(i = 1; i < Count; i + +)

//遍历所有的 1 步转移概率

3. { if (M$_{[i]}$ · nor == null)

//判断该条规则是否经过归一化

4. {select M$_n$ from M where M · start = M$_{[i]}$ · start ;

//从 M 中筛选与当前起点一致的所有规则 M$_n$ ;

5. Sum = $\sum_1^n$ M$_n$ · conf

//sum 为 M$_n$ 中未经过归一化的置信度的总和

6. M$_n$ · nor = M$_n$ · conf / Sum;}}

//重新计算权重，并将新的权重存入 M

Return M;}

7. //返回归一化之后的 M

## 4.3 $n$ 步转移概率矩阵

依据定义 4.4 类比给出 $n$ 步转移概率矩阵的定义：

**定义 4.5** 若 $P^{(n)}$ 为马尔可夫链 $\{X_n, n \in T\}$ 的所有 $n$ 步转移概率 $p_{ij}^{(n)} = P(X_{m+n} = j \mid X_m = i)$ 组成的矩阵，且具有性质：① $p_{ij}^{(n)} \geqslant 0, i, j \in I$ ；② $\sum_{j \in I} p_{ij}^{(n)} = 1, i \in I$ ，则称 $P^{(n)}$ 为 $n$ 步转移概率矩阵。

**定理 4.1** 对于齐次马尔可夫链 $\{X_n, n \in T\}$ ，其 $n$ 步转移概率矩阵 $P^{(n)}$ 的取值为其 $n$ 个 1 步转移概率矩阵 $P$ 的乘积，即 $P^{(n)} = \prod_n P^{(1)}$ （结束 $n$ 步转移概率矩阵计算的条件是：转移概率矩阵包含的所有元素值（即概率值）都低于设定的阈值精度 1）。

依据定理 4.1，设计 $n$ 步转移矩阵算法实现程序伪代码如下：

**算法 4.2** $n$ 步转移矩阵（$n$-step transition matrix， $n$STM）

**输入**：1 步转移矩阵 $P^{(1)}$ ，其维数为 M×M ， M 表示离散的状态数。

**输出**：存储 1～n 步转移矩阵的链表。

1. step =1

//表示当前计算转移概率的步数

2.　$P^{(pre)} = P^{(1)}$

// $P^{(pre)}$ 存储 step − 1 步的转移矩阵

3.　$P^{(curr)} = P^{(1)}$；

// $P^{(curr)}$ 存储 step 步的转移矩阵

4.　L = null；

// L 为输出容器，L(i) 存储第 i 步转移概率

5. While TRUE do

6. If $P^{(pre)} \neq 0$ then

//判断 $P^{(pre)}$ 是否为零矩阵

7. { L·add（$P^{(pre)}$）

8.　$P^{(curr)} = P^{(pre)} \cdot P^{(1)}$；

9.　step = step + 1

10.　$P^{(pre)} = P^{(curr)}$ }

11. Else

12. Return L

13. End While

对应于式（4.2）所示的 1 步转移概率矩阵 $P^{(1)}$，计算得到 2～4 步转移概率矩阵 $P^{(2)} \sim P^{(4)}$，如式（4.3）所示。

$$P^{(2)} = \begin{array}{c} \\ A \\ B \\ C \\ D \\ E \\ F \end{array} \begin{bmatrix} A & B & C & D & E & F \\ 0 & 0 & 0.1555 & 0.0794 & 0.0667 & 0.6984 \\ 0 & 0 & 0 & 0.1000 & 0 & 0.9000 \\ 0 & 0 & 0 & 0 & 0 & 0.1429 \\ 0 & 0 & 0 & 0 & 0 & 0 \\ 0 & 0 & 0 & 0 & 0 & 0 \\ 0 & 0 & 0 & 0 & 0 & 0 \end{bmatrix}$$

$$P^{(3)} = \begin{array}{c} \\ A \\ B \\ C \\ D \\ E \\ F \end{array} \begin{bmatrix} A & B & C & D & E & F \\ 0 & 0 & 0 & 0.0222 & 0 & 0.2794 \\ 0 & 0 & 0 & 0 & 0 & 0.1000 \\ 0 & 0 & 0 & 0 & 0 & 0 \\ 0 & 0 & 0 & 0 & 0 & 0 \\ 0 & 0 & 0 & 0 & 0 & 0 \\ 0 & 0 & 0 & 0 & 0 & 0 \end{bmatrix}$$

$$P^{(4)} = \begin{bmatrix} & A & B & C & D & E & F \\ A & 0 & 0 & 0 & 0 & 0 & 0.0222 \\ B & 0 & 0 & 0 & 0 & 0 & 0 \\ C & 0 & 0 & 0 & 0 & 0 & 0 \\ D & 0 & 0 & 0 & 0 & 0 & 0 \\ E & 0 & 0 & 0 & 0 & 0 & 0 \\ F & 0 & 0 & 0 & 0 & 0 & 0 \end{bmatrix} \qquad (4.3)$$

## 4.4　概略 $n$ 步预测

基于 $n$ 步转移概率矩阵，我们依据用户当前位置对应的状态，预测其经过 $n$ 步状态转移，也即途经频繁空间区域（此处为时空序列规则前项或后项对应的空间网格），到达目标状态对应空间区域的概率。

**定义 4.6**　定义 SimpPath $= \left( \left\langle \text{Cell}_{\text{cur}} \xrightarrow{n} \text{Cell}_{\text{tar}} \right\rangle, \delta \right), n \geq 1$ 为一个概略路径，其中，$\text{Cell}_{\text{cur}}$ 表示用户当前位置匹配到的空间网格，$\text{Cell}_{\text{tar}}$ 表示预测用户接下来将要到达目标位置所对应的空间网格，$n$ 表示预测从 $\text{Cell}_{\text{cur}}$ 到达 $\text{Cell}_{\text{tar}}$ 途经频繁空间网格（也即是时空序列规则前项或后项对应的空间网格）的数量，$\delta$ 表示预测的概率。

例如，设定图 4.2 中的状态 $F$ 为目标状态，依据 $P^{(1)} \sim P^{(4)}$，可得到从某一状态对应的空间网格，分别经过 1~4 步状态转移到达目标状态 $F$ 对应空间网格的转移路径和概率，如表 4.1 所示。

**表 4.1　到达目标区域 $F$ 的概略预测**

| 编号 | 类型 | 目标区域 | 步数 | 概略路径 | 概率 |
|------|------|----------|------|----------|------|
| 1 | | | | $C \rightarrow F$ | 0.2222 |
| 2 | | | 1 | $D \rightarrow F$ | 0.5556 |
| 3 | | | | $E \rightarrow F$ | 0.2222 |
| 4 | | | | $A \rightarrow F$ | 0.6984 |
| 5 | 到达 | $F$ | 2 | $B \rightarrow F$ | 0.89997 |
| 6 | | | | $C \rightarrow F$ | 0.1429 |
| 7 | | | | $A \rightarrow F$ | 0.2794 |
| 8 | | | 3 | $B \rightarrow F$ | 0.10003 |
| 9 | | | 4 | $A \rightarrow F$ | 0.0222 |

我们假定用户当前所处位置匹配的空间网格为 $C$，则 1 步路径 $C \rightarrow F$、2 步概略路径 $C \rightarrow F$ 均为可用于预测的路径，基于 1 步路径 $C \rightarrow F$，我们可以做出预测推断：用户从当前位置直接到达目标区域 $F$ 的概率为 0.2222，而基于 2 步概略路径 $C \rightarrow F$，我们可以做出预测推断：用户从当前位置经过 2 次途经频繁空间网格的转移，到达目标区域 $F$ 的概率为 0.1429。图 4.3 和图 4.4 分别表示概略 1 步预测和 2 步预测的路径叠加基础地理背景数据的图形显示。

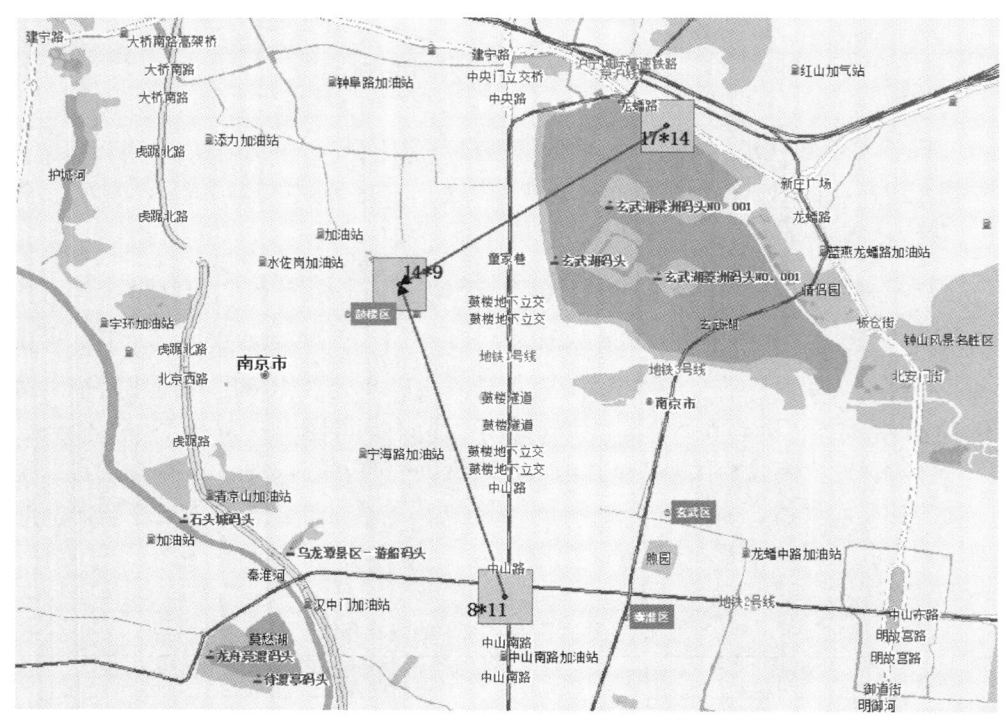

图 4.3    概略 1 步预测的路径

当用户当前位置匹配的空间网格为 $B$ 时，可用于预测的路径为 2 步概略路径 $B \rightarrow F$ 和 3 步概略路径 $B \rightarrow F$。我们也可以做出两种位置预测的推断：用户从当前位置经过 2 次途经频繁空间网格的转移，到达目标区域 $F$ 的概率为 0.89997；用户从当前位置经过 3 次途经频繁空间网格的转移，到达目标区域 $F$ 的概率为 0.10003。图 4.5 表示概略 3 步预测的路径叠加基础地理背景数据的图形显示。

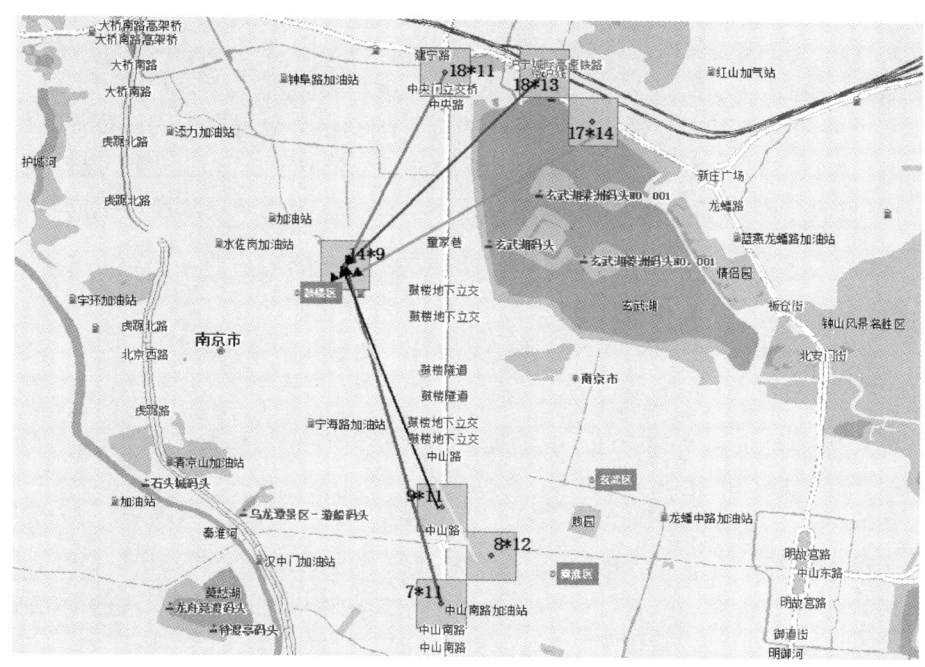

图 4.4　概略 2 步预测的路径

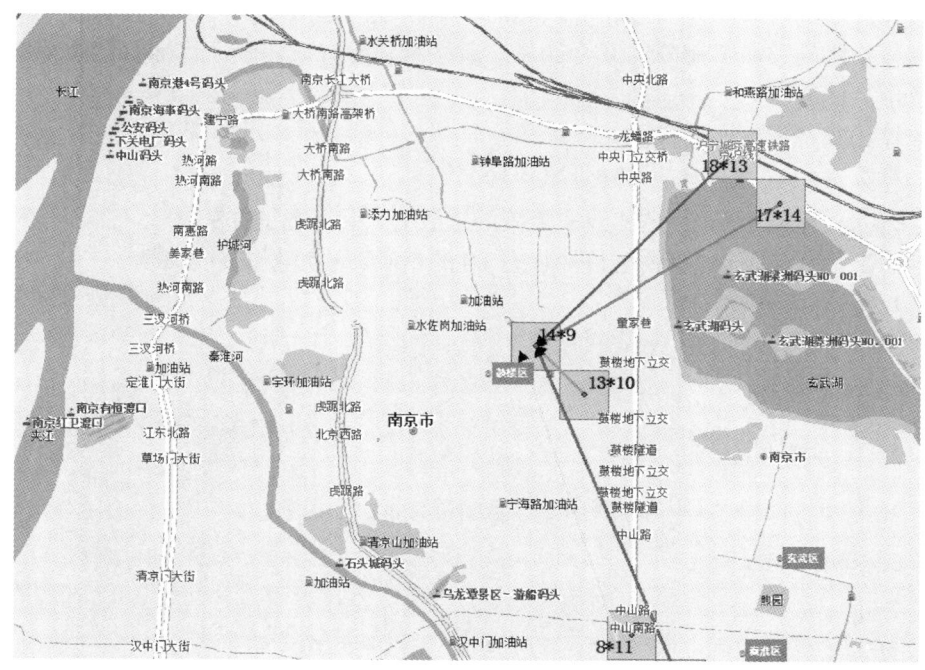

图 4.5　概略 3 步预测的路径

同样，当用户当前所处的位置所匹配的空间网格为 $A$、$D$、$E$ 时，依据表格 2 中的概略路径信息，我们也可预测用户 1 步和多步到达目标区域 $F$ 的概率。

综上所述，使用 $n$ 步转移概率矩阵的位置预测相对于直接使用序列规则的位置预测，可以提供途经频繁空间网格数量的位置预测功能。但是，对于某些应用，仅仅提供途经频繁空间网格数量的信息还不够，还需要进一步获取精确的转移路径信息[131-133]。

## 4.5　精确 $n$ 步预测

针对概略 $n$ 步预测的缺点，我们提出基于路径的精确 $n$ 预测的方法。首先，我们给出精确路径的定义

**定义 4.7**　定义 $\text{ExacPath} = (\langle \text{Cell}_{cur} \rightarrow \text{Cell}_{mid_1}, \cdots, \rightarrow \text{Cell}_{mid_n} \rightarrow \text{Cell}_{tar}\rangle, \delta), n \geqslant 1$ 为一个精确路径，其中，$\text{Cell}_{cur}$ 表示用户当前位置匹配到的空间网格；$\text{Cell}_{tar}$ 表示预测用户接下来将要到达目标区域所对应的空间网格区域；$\delta$ 表示预测的概率；$\text{Cell}_{mid_1}, \cdots, \rightarrow \text{Cell}_{mid_n}$ 表示预测从 $\text{Cell}_{cur}$ 到达 $\text{Cell}_{tar}$ 途经频繁空间网格序列。

获取达到指定目标区域精确路径的基本原理是：组合 $n$ 步到达目标状态的概略路径的起点与 $n-1$ 步到达目标状态的精确路径的起点得到潜在的精确路径，再通过与 1 步转移概率矩阵的联合计算，最终得到所有 $n$ 步到达目标状态的精确路径及预测概率。

算法实现程序的伪代码如下：

**算法 4.3**　$R : \text{CalExacPArriTS}(L, \text{TS})$

**输入**：存储 1～n 步转移概率矩阵的链表 L，目标状态 TS。

**输出**：存储 1～n 步到达目标状态 TS 的精确转移过程的链表 R。

1. { $P^{(1)} = L \cdot \text{Get}(1)$ ;

2. $P_{simp\_in}^{(1)} = P^{(1)} \cdot \text{GetArrive}(\text{TS})$ ;

3. $P_{Exac\_in}^{(1)} = P_{simp\_in}^{(1)}$ ;

4. $R \cdot \text{add}\left(P_{Exac\_in}^{1}\right)$

5. $\text{CalExacPArriTSRe}\left(L, \text{TS}, P_{Exac\_in}^{(1)}, 1, R\right)$ ;

6. Return R ;

7. }

**算法 4.4**　$\text{CalExacPArriTSRe}\left(L, \text{TS}, P_{Exac\_in}, s, \text{ref } R\right)$

**输入**：存储 1～n 步转移概率矩阵的链表 L，目标状态 TS，当前精确路径列

表 $P_{\text{Exac\_in}}$ ，当前精确路径的步数 s，存储 1～n 步到达目标状态 TS 的精确转移过程链表 R 。

**输出**：存储 1～n 步到达目标状态 TS 的精确转移过程链表 R 。

1.  $P^{(s+1)} = L \cdot \text{Get}(s+1)$ ；

2.  $P_{\text{simp\_in}}^{(s+1)} = P^{(s+1)} \cdot \text{GetArrive(TS)}$ ；

3.  $\text{For}(i=1; i <= P_{\text{simp\_in}}^{(s+1)} \cdot \text{count}; i++)$

4.  $\{ \text{Ori}_1 = P_{\text{simp\_in}}^{(s+1)} \cdot \text{Get}(i) \cdot \text{Origin}$ ；

5.  $\text{For}(j=1 \ ; \ j <= P_{\text{Exac\_in}} \cdot \text{count} \ ; \ j++)$

6.  $\{ \text{Prob}_1 = P_{\text{Exac\_in}} \cdot \text{Get}(j) \cdot \text{ProbValue}$ ；

7.  $\text{Ori}_2 = P_{\text{Exac\_in}} \cdot \text{Get}(j) \cdot \text{Origin}$ ；

8.  $\text{If}(P^{(1)} \cdot \text{Exist}(\text{Ori}_1, \text{Ori}_2))$

9.  $\{ \text{Prob}_2 = P^{(1)} \cdot \text{ProbValue}(\text{Ori}_1, \text{Ori}_2)$ ；

10.  $P_{\text{Exac\_in}}^{(s+1)} \cdot \text{addProb}(\text{Prob}_1 \times \text{Prob}_2)$ ；

11.  $\text{Subs} = P_{\text{Exac\_in}} \cdot \text{Get}(j) \cdot \text{Sub}$ ；

12.  $P_{\text{Exac\_in}}^{(s+1)} \cdot \text{addPath}(\text{Ori}_1, \text{Subs})$ ；

13.  $\}$

14.  $\}$

15.  $\}$

16.  $P_{\text{Exac\_in}} = P_{\text{Exac\_in}}^{(s+1)}$ ；

17.  $R \cdot \text{add}(P_{\text{Exac\_in}})$ ；

18.  $s++$ ；

19.  $\text{If}(s < L \cdot \text{count})$

20.  $\text{CalExacPArriTSRe}(L, TS, P_{\text{Exac\_in}}, s, R)$ ；

21.  $\}$

其中，算法 4.3 为程序实现的入口，其中第 1～4 行是初始化操作：从 1 行转移概率矩阵 $P^{(1)}$ 中获取 1 步到达目标状态的精确路径列表及概率。第 5 行调用执行递归运算的子程序 CalExacPArriTSRe，该程序在算法 4.4 中实现，其中，参数 $R$（存储 1～$n$ 步到达目标状态 TS 的精确转移过程链表）以传地址（指针）的方式在子程序 CalExacPArriTSRe 中进行运算，最后运算的结果通过第 6 行返回。

　　算法 4.4 中的第 1 行从 $L$（存储 1～$n$ 步转移概率矩阵的链表）中获取步数增加（$s+1$）的转移概率矩阵（$P^{(s+1)}$）。第 2 行从 $P^{(s+1)}$ 中获取 $s+1$ 步到达目标状态的概略路径列表及概率（$P_{\text{simp\_in}}^{(s+1)}$）。第 3～15 行完成 $P_{\text{simp\_in}}^{(s+1)}$ 中路径与 $P_{\text{Exac\_in}}$（传递的参数）中路径的组合，在 1 步转移概率矩阵 $P^{(1)}$ 中的检查（第 8 行），以及概率计算（第 10 行）等。第 16～17 行进行递归调用参数 $P_{\text{Exac\_in}}$ 的赋值操作。第 18～19 行增加步数并进行检验其是否大于链表 $L$ 中转移概率矩阵的个数，如果满足条件，则在第 20 行回归调用程序 PreArriTSRe。

　　然后，基于获取的精确路径和用户的当前位置，可以预测用户从其当前位置沿着精确路径到达目标区域的概率。这一过程与概率 $n$ 步预测的过程基本类似。

　　接下来，我们结合实例给出具体的实现过程描述。

　　图 4.6 是实现获取 $n$ 步到达目标状态对应空间区域精确路径的基本流程。基于图 4.6 中的流程，我们以式（4.2）、式（4.3）的 1～4 步转移概率矩阵 $P^{(1)} \sim P^{(4)}$ 为输入数据，得到达目标状态 $F$ 的精确路径。

　　（1）从 $P^{(1)}$ 得到 1 步到达目标状态 $F$ 的精确路径列表 $P_{\text{Exac\_in}}^{(1)}$，也即 1 步到达目标状态 $F$ 的精确路径列表 $P_{\text{simp\_in}}^{(1)}$，而且 $P_{\text{Exac\_in}}^{(1)} = P_{\text{simp\_in}}^{(1)} = ([C \to F],[D \to F],[E \to F])$。

　　（2）从 $P^{(2)}$ 得到 2 步到达目标状态 $F$ 的概略路径列表 $P_{\text{simp\_in}}^{(2)} = ([A \to F],[B \to F],[C \to F])$。

　　（3）逐个将 $P_{\text{Exac\_in}}^{(1)}$ 路径的起点与 $P_{\text{simp\_in}}^{(2)}$ 路径的起点合并，得到相应组合路径。例如，路径 $[C \to F]$ 的起点与 $[A \to F]$ 路径的起点合并后得到组合路径 $[A \to C]$，类别可以得到组合路径 $[A \to C]$、$[A \to D]$、$[A \to E]$、$[B \to C]$、$[B \to D]$、$[B \to E]$、$[C \to C]$、$[C \to D]$、$[C \to E]$。

　　（4）在 $P^{(1)}$ 中检查存在的组合路径得到 $[A \to C]$、$[A \to D]$、$[B \to C]$、$[B \to E]$、$[C \to D]$。

　　（5）将组合路径 $[A \to C]$ 的概率（0.5556）分别和 $P_{\text{Exac\_in}}^{(1)}$ 中精确路径 $[C \to F]$ 的概率（0.8571）相乘，得到精确路径 $[A \to C \to F]$ 的概率为 0.4762，分别可以得到 $[A \to D \to F]$ 的概率为 0.2222、$[B \to C \to F]$ 的概率为 0.59997、$[B \to E \to F]$ 的概率为 0.3、$[C \to D \to F]$ 的概率为 0.1429。因此，$P_{\text{Exac\_in}}^{(2)} = ([A \to C \to F],[A \to D \to F],[B \to E \to F],[C \to D \to F])$。

　　（6）以 $P_{\text{Exac\_in}}^{(2)}$ 和从 $P^{(3)}$ 得到 3 步到达目标状态 $F$ 的概略路径列表 $P_{\text{simp\_in}}^{(3)} = ([A \to F],$

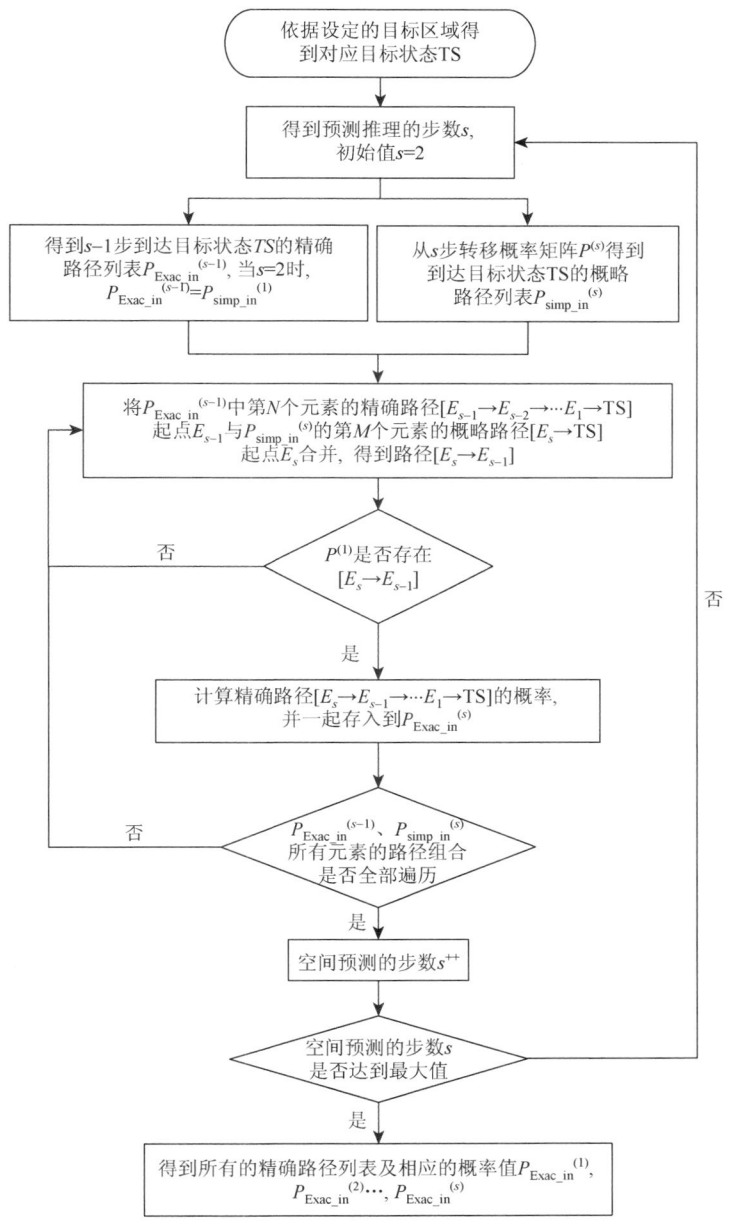

图 4.6  精确预测到达目标状态的算法实现流程

$[B{\rightarrow}F])$ 为参数，进行迭代运算，得到 $P_{\text{Exac\_in}}^{(3)}=\begin{pmatrix}[A{\rightarrow}B{\rightarrow}C{\rightarrow}F],[A{\rightarrow}B{\rightarrow}E{\rightarrow}F]\\ [A{\rightarrow}C{\rightarrow}D{\rightarrow}F],[B{\rightarrow}C{\rightarrow}D{\rightarrow}F]\end{pmatrix},$

再以 $P_{\text{Exac\_in}}^{(3)}$ 和 $P_{\text{simp\_in}}^{(4)} = \left(\left[A \rightarrow F\right]\right)$ 为参数得到 $P_{\text{Exac\_in}}^{(4)} = [A \rightarrow \ B \rightarrow C \rightarrow D \rightarrow F]$。

最后，得到精确预测 1～4 步到达目标状态 $F$ 对应空间区域的精确路径及概率如表 4.2 所示。

表 4.2　到达目标区域 $F$ 的精确预测

| 序号 | 类型 | 目标区域 | 步数 | 精确路径 | 概率 |
|---|---|---|---|---|---|
| 1 | 到达 | $F$ | | $C \rightarrow F$ | 0.2222 |
| 2 | | | 1 | $D \rightarrow F$ | 0.5556 |
| 3 | | | | $E \rightarrow F$ | 0.2222 |
| 4 | | | 2 | $A \rightarrow C \rightarrow F$ | 0.4762 |
| 5 | | | | $A \rightarrow D \rightarrow F$ | 0.2222 |
| 6 | | | | $B \rightarrow C \rightarrow F$ | 0.59997 |
| 7 | | | | $B \rightarrow E \rightarrow F$ | 0.3 |
| 8 | | | | $C \rightarrow D \rightarrow F$ | 0.1429 |
| 9 | | | | $A \rightarrow B \rightarrow C \rightarrow F$ | 0.1333 |
| 10 | | | 3 | $A \rightarrow B \rightarrow E \rightarrow F$ | 0.0666 |
| 11 | | | | $A \rightarrow C \rightarrow D \rightarrow F$ | 0.0794 |
| 12 | | | | $B \rightarrow C \rightarrow D \rightarrow F$ | 0.10003 |
| 13 | | | 4 | $A \rightarrow B \rightarrow C \rightarrow D \rightarrow F$ | 0.0222 |

接下来，我们假定用户当前所处的位置所匹配的空间网格为 $A$，则 2 步精确路径 4～5、3 步精确路径 9～11 以及 4 步精确路径 13 均可为用于预测的路径，我们可以做出位置预测判断为

用户沿路径 $A \rightarrow C \rightarrow F$ 到达目标区域 $F$ 的概率为 0.4762。

用户沿路径 $A \rightarrow D \rightarrow F$ 到达目标区域 $F$ 的概率为 0.2222。

用户沿路径 $A \rightarrow B \rightarrow C \rightarrow F$ 到达目标区域 $F$ 的概率为 0.1333。

用户沿路径 $A \rightarrow B \rightarrow E \rightarrow F$ 到达目标区域 $F$ 的概率为 0.0666。

用户沿路径 $A \rightarrow C \rightarrow D \rightarrow F$ 到达目标区域 $F$ 的概率为 0.0794。

用户沿路径 $A \rightarrow B \rightarrow C \rightarrow D \rightarrow F$ 到达目标区域 $F$ 的概率为 0.0222。

同理，当用户前所处的位置所匹配的空间网格为 $B$、$C$、$D$、$E$ 时，依据对应的精确路径，我们也可作出相应的精确位置预测。图 4.7～图 4.10 分别表示精确 1 步、2 步、3 步和 4 步预测的路径叠加基础地理背景数据的图形显示。

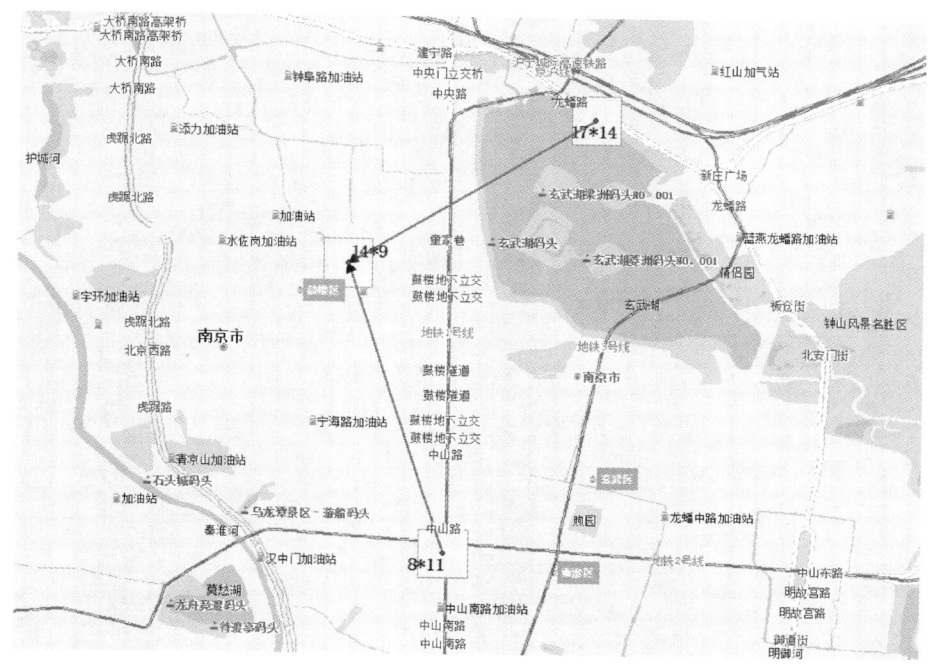

图 4.7 精确 1 步预测的路径（详见书后彩图）

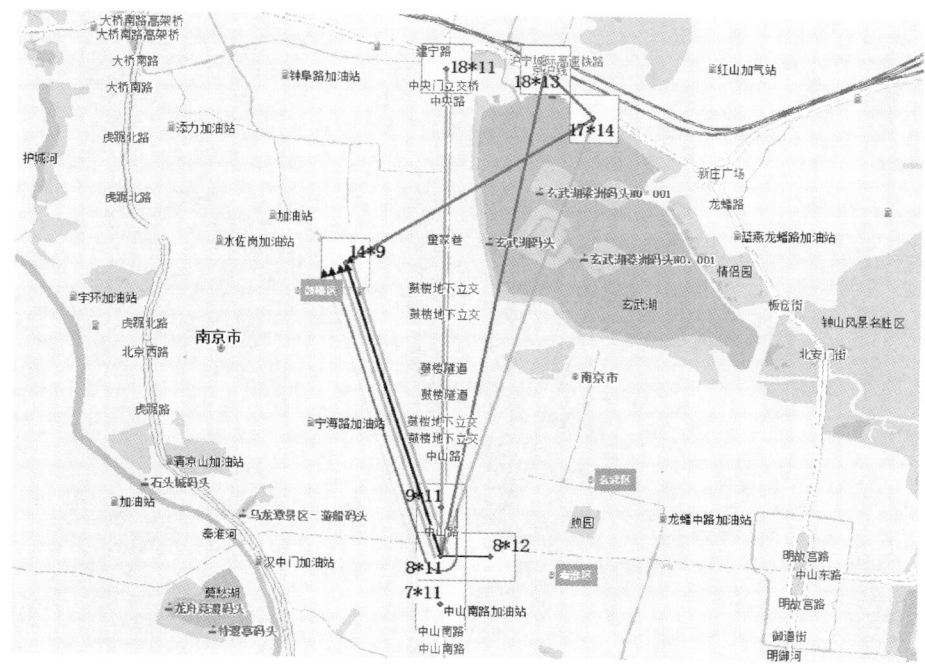

图 4.8 精确 2 步预测的路径（详见书后彩图）

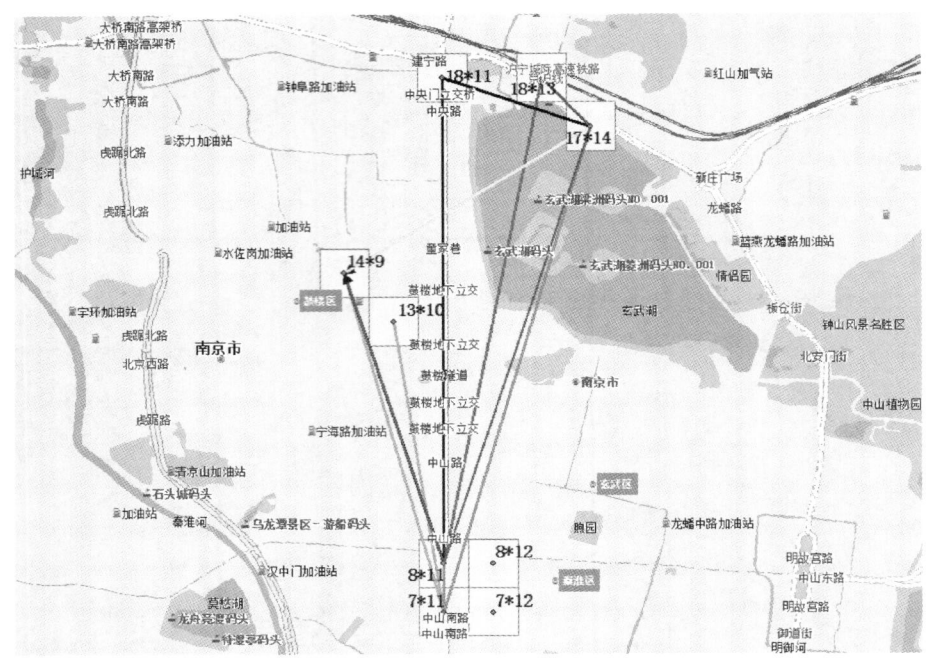

图 4.9　精确 3 步预测的路径（详见书后彩图）

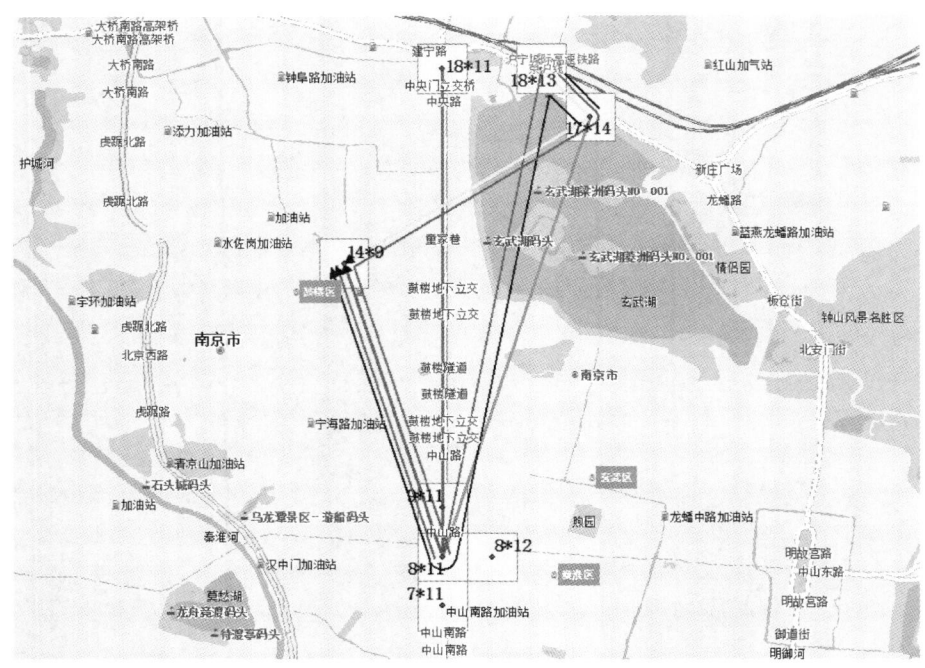

图 4.10　精确 4 步预测的路径（详见书后彩图）

# 4.6　推　理　攻　击

在前面的章节中，我们分别讲述了基于匿名集的序列规则、$n$ 步转移概率矩阵对应的概略路径、优化得到 $n$ 步精确路径（统称匿名集知识），对用户从当前位置到达指定目标区域的概率进行推理预测的方法。

这些位置预测方法可为位置服务商实现智能应用提供一定的辅助。但是，众所周知，技术通常具有两面性，如果位置服务提供商是潜着的攻击者，或者当位置服务商将大时空尺度的匿名集数据出售给非法的第三方商业用户时，他们对用户的位置预测就会变成对用户位置隐私的推理攻击，尤其是当匿名集知识涉及的空间区域包含敏感的空间语义信息时（又称包含敏感语义的匿名集知识，简称敏感匿名集知识），如军事禁区、国外的红灯区等。

推理攻击模型包括攻击者能够掌握的信息、期望攻击到隐私信息以及实现攻击的方法，如图 4.11 所示。

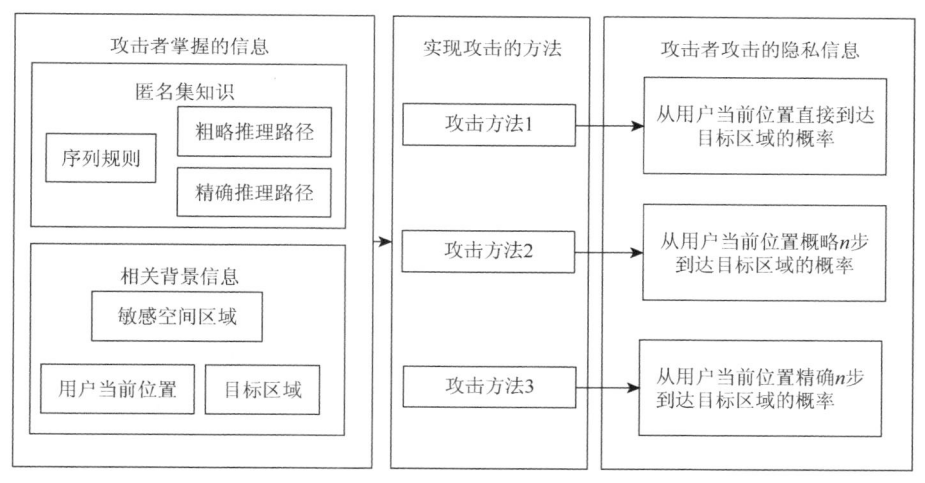

图 4.11　基于匿名集知识的推理攻击模型

**1. 攻击者能够掌握的信息类型以及获取方法**

（1）攻击者通过对一定时空区域范围的匿名集数据的分析得到以空间网格为单元的一系列的序列规则（序列规则）、概略推理路径、精确推理路径等匿名集知识。

（2）攻击者通过用某种非法手段，例如，窃听、窃取、攻击等，获取到某一用户当前所处的位置，并通过与匿名集知识涉及的空间网格的匹配运算，成功匹配后得到用户当前位置所对应的当前网格。

（3）攻击者利用相关的背景知识，获取研究的时空区域范围内的敏感空间区域，并通过与研究区域内所有空间网格匹配运算，得到所有具有敏感语义的空间网格。

**2. 攻击者期望攻击到隐私信息**

（1）从用户当前位置直接到达目标区域的概率。
（2）从用户当前位置概略 $n$ 步到达目标区域的概率。
（3）从用户当前位置精确 $n$ 步到达目标区域的概率。

**3. 实现攻击的方法**

1）基于序列规则的推理攻击
此类攻击的示意过程如图 4.12 所示，具体过程描述如下。

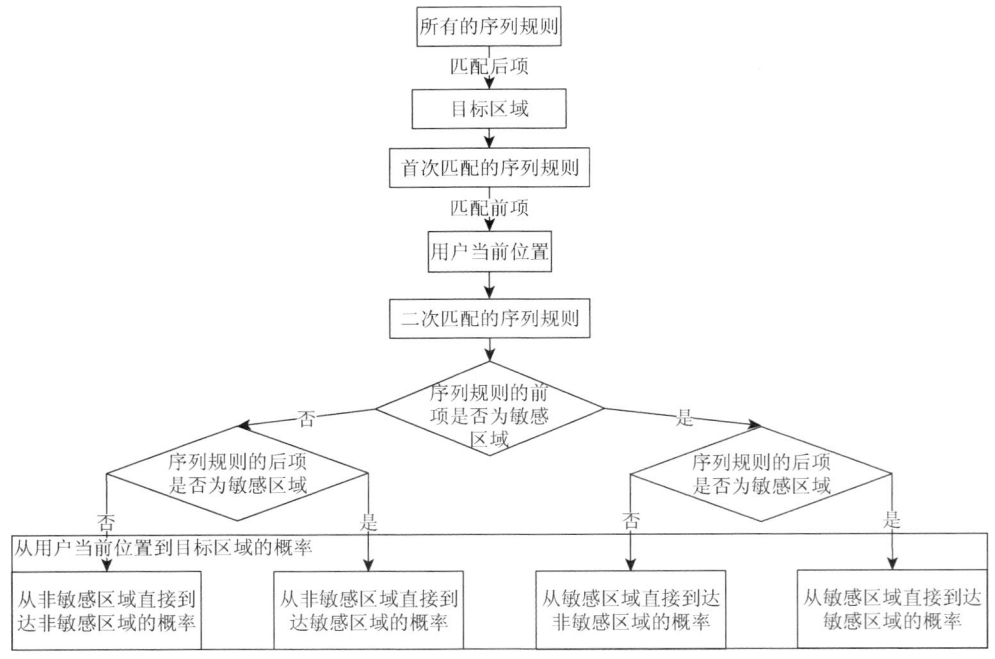

图 4.12　基于序列规则的推理攻击过程

将所有匿名集序列规则的后项所对应的空间网格与目标区域进行匹配计算，

得到首次匹配的序列规则。

再将首次匹配的序列规则的前项所对应的空间网格与用户当前位置进行匹配计算，得到可用于位置预测的二次匹配的序列规则。

依据二次匹配的序列规则的前项（用户当前位置）、后项（目标区域）对应的空间网格是否具有敏感语义的信息，也即是否为敏感空间网格，对用户从当前位置到目标区域的概率的预测可以分为四类：从非敏感区域直接到达非敏感区域的概率、从非敏感区域直接到达敏感区域的概率、从敏感区域直接到达非敏感区域的概率、从敏感区域直接到达敏感区域的概率。

2）基于概略 $n$ 步推理路径的推理攻击

此类攻击的执行过程与基于序列规则的推理攻击基本类似，示意过程如图 4.13 所示，具体过程描述如下：

将所有概略路径的第二个元素所对应的空间网格与目标区域进行匹配计算，得到首次匹配的概略路径。

再将首次匹配的概略路径的第一个元素所对应的空间网格与用户当前位置进行匹配计算，得到可用于位置预测的二次匹配的概略路径。

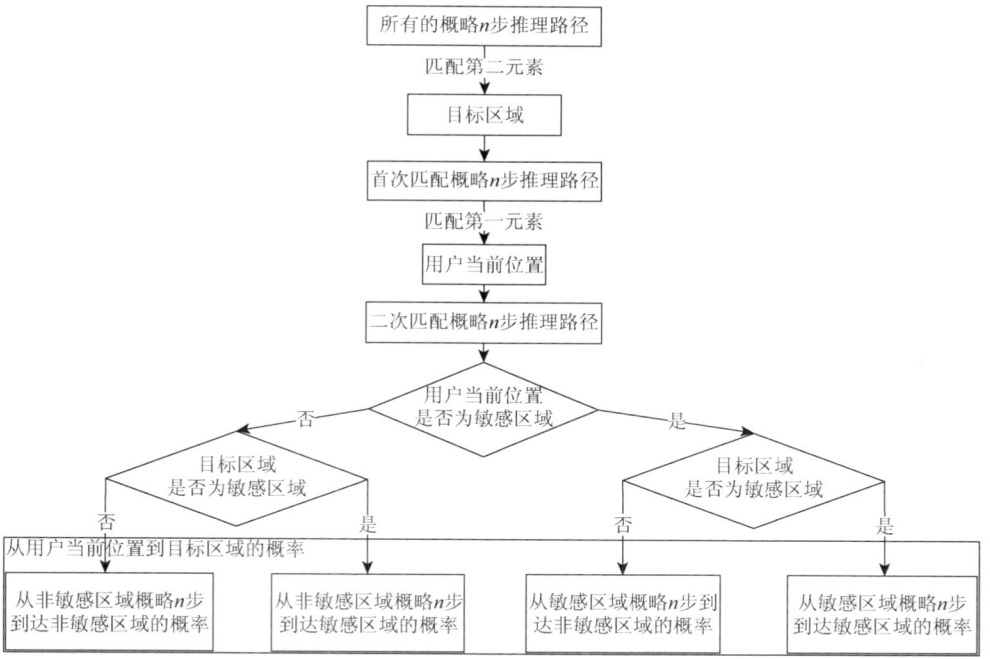

图 4.13 基于概略 $n$ 步推理路径的推理攻击过程

依据二次匹配的概略路径的第一个元素（用户当前位置）、第二个元素（目标区域）对应的空间网格是否具有敏感语义的信息，也即是否为敏感空间网格，对用户从当前位置到目标区域的概率的预测同样也可以分为四类：从非敏感区域概略 $n$ 步到达非敏感区域的概率、从非敏感区域概略 $n$ 步到达敏感区域的概率、从敏感区域概略 $n$ 步到达非敏感区域的概率、从敏感区域概略 $n$ 步到达敏感区域的概率。

3）基于精确 $n$ 步推理路径的推理攻击

此类攻击的执行过程与前两个攻击的不同之处是：推理攻击的过程更清晰，语义类型更丰富，示意过程如图 4.14 所示，具体过程描述如下：

将所有精确路径的最后一个元素所对应的空间网格与目标区域进行匹配计算，得到首次匹配的精确路径。

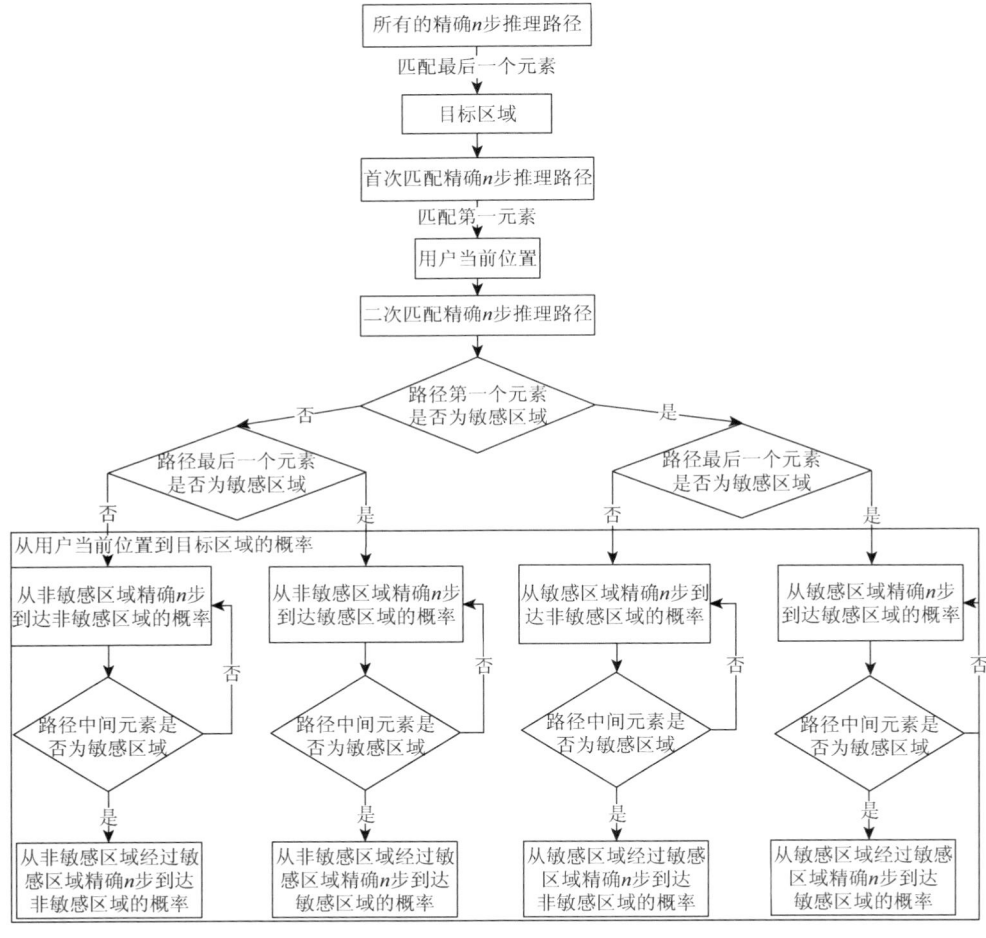

图 4.14　基于精确 $n$ 步推理路径的推理攻击过程

再将首次匹配的精确路径的第一个元素所对应的空间网格与用户当前位置进行匹配计算，得到可用于位置预测的二次匹配的精确路径。

依据二次匹配的精确路径的第一个元素（用户当前位置）、最后一个元素（目标区域）对应的空间网格是否具有敏感语义的信息，也即是否为敏感空间网格，对用户从当前位置到目标区域的概率的预测同样也可以分为四类：从非敏感区域精确 $n$ 步到达非敏感区域的概率、从非敏感区域精确 $n$ 步到达敏感区域的概率、从敏感区域精确 $n$ 步到达非敏感区域的概率、从敏感区域精确 $n$ 步到达敏感区域的概率。

当路径中间元素也为敏感区域时，则对用户从当前位置到目标区域的概率的预测进一步分为：从非敏感区域经过敏感区域精确 $n$ 步到达非敏感区域的概率、从非敏感区域经过敏感区域精确 $n$ 步到达敏感区域的概率、从敏感区域经过敏感区域精确 $n$ 步到达非敏感区域的概率、从敏感区域经过敏感区域精确 $n$ 步到达敏感区域的概率。

## 4.7  问 题 分 析

针对上述基于敏感匿名集知识推理攻击的防护方法，按照计算机信息安全领域的角度分析，属于隐私保护数据挖掘范畴（privacy preserving data mining，PPDM）[73, 134]。

基于数据重构的敏感知识隐藏是应对基于敏感知识推理攻击的主要方法。围绕数据重构前后敏感规则完整隐藏且代价最小的优化目标，国内外学者提出了系列的方法，主要包括：

（1）启发式方法，基于敏感项集的隐藏，Atallah 等最早提出了基于 blocking 的启发式方法[135]。直接针对敏感项集产生的敏感关联规则，Dasseni 等、魏晓晖和 Saygin 等提出了相应的隐藏方法[136-138]。Pontitakis 等首次提出了基于 distortion 的启发式隐藏方法[139]。Lee 等提出了基于净化矩阵的敏感规则整体隐藏方法[140]。

（2）边界修改的方法，启发式方法的优点是对海量数据处理具有尺度自适应的特性，但会存在局部优化的问题。为此，Sun 和 Yu 提出了针对频繁模式和非频繁模式的边界部分进行修改的方法[141]，Kuo 等进一步提出了基于设定多种支持度阈值的方法[142]。Atal lah 等许多学者均是针对简单的数据项[135, 136, 139, 140-142]，而 Atzori 等学者提出了针对轨迹数据（以下简称移动对象数据）的序列规则隐藏方法[74-77]。

但是，这些方法并不能直接应用于针对基于序列规则、概略路径以及精确路径的推理攻击的防护。分析原因有两点。

（1）传统防护方法采用非对称的防护策略，不能满足用户对于匿名集知识可用性的要求。

传统防护方法假定攻击者掌握全部的原始数据，分析从原始数据中挖掘敏感知识，进而设计实现相应的敏感知识隐藏的数据净化方法。但是，假定攻击者掌握 LBS 服务请求中包含的精确时空信息，背离时空 K-匿名基于降低时空精度提供位置服务查询匿名保护的基本准则，不仅不能有效模拟基于匿名集知识推理攻击场景的真实性，还会因过度的隐私保护而丧失匿名保护数据的可用性。而保证敏感匿名集知识的可用性，对于 LBS 应用提供智能化服务非常重要。因此，传统的基于攻守双方信息级别不对等模式的防护方法，并不适合于针对敏感匿名集知识攻击的防护方法。

（2）传统防护方法针对的是单次、批量、离线方式的数据共享与发布的应用场景，不能应用于具有长期、连续、在线特点的 LBS 应用环境。

针对的是单次、批量、离线方式的数据共享与发布的应用场景的敏感知识净化方法，主要采用直接去除相关数据与数据空间转换的数据重构方法。但是 LBS 应用中，位置服务匿名请求具有长期、连续、在线的特性，直接去除相关数据的方法会随着匿名集知识的动态更新逐步失效。例如，传统的保护方法针对的数据只发布一次，在发布之后不会再将新的数据加入其中或者删除已有的数据，但是在 LBS 中，往往需要连续发布数据集，数据集之间可能存在交集。时空 K-匿名数据的实时更新会引起匿名集知识的动态变化，最终会使得传统的数据阻塞、数据变形、数据重构方法逐步失效。同时，数据空间转换的方法既不符合 LBS 在线服务请求的基本需求，还会使得 LBS 应用服务器无法直接提供涉及真实地理空间运算的位置服务。因此，针对基于敏感匿名集知识推理攻击的防护方法，应该使用一种能够动态感知敏感匿名集知识的渐进保护方法[143]。

在接下来的章节，本书将重点论述一种基于对等防御策略的动态感知敏感匿名集知识推理攻击的在线匿名方法，由于概略路径和精确路径都是在匿名集序列规则基础上进行的扩展，因此，我们重点论述敏感匿名集序列规则的隐藏方法。

# 5 动态感知敏感序列规则的在线匿名方法

为满足敏感匿名知识隐藏对于对等策略、动态感知的要求，本章设计了一种基于攻守双方对等感知信息级别、适合 LBS 在线服务隐私保护特点、动态感知敏感匿名集序列规则的在线匿名方法：在 LBS 可信匿名服务器上存储大时空范围匿名集，通过对匿名集敏感时空序列规则的推理攻击分析、设计优化的时空 K-匿名方法，并采用离线挖掘、在线应用的服务模式，实现增强型位置隐私保护。

## 5.1 对等防护策略的系统架构

我们采用基于可信任的第三方匿名服务器的分布式架构，实现基于对等防护策略的系统架构，提供攻守双方均衡感知基于匿名集时空序列规则推理攻击场景的隐私保护方案：在 LBS 可信匿名服务器上存储大时空范围匿名集，挖掘基于匿名集数据的时空序列规则，并结合相关地理背景知识分析基于敏感时空序列规则的推理攻击场景，从而为设计应对基于匿名集时空序列规则推理攻击的防护方法奠定基础，如图 5.1 所示。

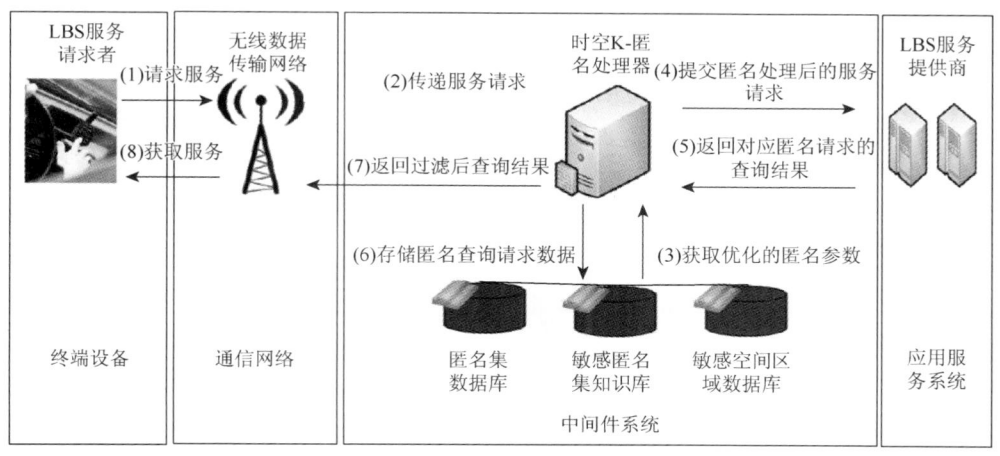

图 5.1 基于敏感关联规则与序列模式库优化时空 K-匿名的 LBS 隐私保护方案

该架构共包括 4 个组成部分，5 个功能模块。4 个组成部分包括：终端设备、通信网络、中间件系统、应用服务系统。5 个功能模块包括：LBS 服务请求者、无线数据传输网络、时空 K-匿名处理器、LBS 服务提供商，以及敏感数据与知识库（包括匿名集数据库、敏感匿名集知识库和敏感空间区域数据库）。具体功能介绍如下。

（1）LBS 服务请求者通常指具有智能嵌入式系统的手机、PDA 等终端设备，其利用安装的 LBS 服务客户端软件或嵌入式浏览器软件提出 LBS 查询的服务请求。

（2）无线数据传输网络主要用于连接 LBS 服务请求者的接入与数据通信，目前主要采用移动通信技术（3G、4G、5G）。

（3）时空 K-匿名处理器主要运用在可信的第三方服务平台之上，该功能模块是整个方案的中心，其不仅接受 LBS 服务请求者的匿名处理请求，还负责与后台服务系统中另外两个模块的数据交互：时空 K-匿名处理器向 LBS 服务提供商提出基于匿名查询的服务请求，然后接受其返回的相应结果并对其进行过滤处理，以获取精确的查询结果。

（4）LBS 服务提供商的主要功能是根据匿名查询请求，进行相应服务的计算，主要包括：网关服务（gateway services）、目录服务（directory services）、路径服务（route services）、地理编码与反编码服务（geocoder/reverse geocoder）以及展现服务（presentation services）等。相对于传统的针对时空信息精确的服务查询，LBS 服务提供商针对匿名查询请求是粗粒度的模糊运算，因此，在具体的算法实现上需要进行适当的修改，同时这种粗粒度的模糊运算还会增加对系统资源的消耗。但是，这些问题随着计算机处理技术与网络通信技术的提高，很快得以解决。

（5）敏感数据与知识库是实现时空 K-匿名最优化处理的核心。

时空 K-匿名处理器在进行匿名处理之前，需要先从敏感匿名集知识库（敏感匿名集序列规则）中获取可以实现最优化时空 K-匿名优化的基本参数。当从 LBS 服务提供商成功获取查询处理结果后，时空 K-匿名处理器还将当次时空 K-匿名数据提交给匿名集数据库中，以保证其数据及时更新。针对连续查询中的单次快照查询的匿名处理过程如下。

（1）用户请求一个 LBS 查询的服务。

（2）时空 K-匿名器接收原始请求和用一个序列号代替提出请求的用户标识。

（3）时空 K-匿名器检查请求者的要求，由从敏感匿名集序列规则库中获得的最佳参数，设计一个最佳的时空 K-匿名方法。

（4）原始请求被转换成一个"安全的"变量，并且被转发到 LBS 服务提供商，由其进行计算以提供相应服务。

（5）LBS 服务提供商的计算结果集返回给时空 K-匿名处理器。

（6）基于本次查询的信息更新匿名集数据库的内容。

（7）时空 K-匿名处理器对 LBS 服务提供商返回的结果进行过滤。

（8）时空 K-匿名处理器将过滤后的数据提交给提出服务请求的用户。

这种假定匿名服务器和服务请求者为可信，而 LBS 应用服务提供商为不可信的系统架构。在可信任的第三方匿名服务器上，先于 LBS 应用服务器，对存储在中间件系统上的大时空范围匿名集数据，离线执行匿名集数据的时空关联规则挖掘，并结合相关地理背景知识分析基于敏感时空序列规则的推理攻击场景分析，并基于分析结果设计应对基于匿名集敏感时空序列规则推理攻击的防护方法。

这是一种基于信息对等策略设计的防护模式，主要体现在 3 个方面。

（1）在数据方面：匿名服务器和应用服务器都可以获取大时空尺度的匿名集数据、敏感的空间区域数据等，而且两者都只是基于这些数据进行敏感匿名集序列规则的挖掘和推理攻击分析。

（2）在数据挖掘方面：攻守双方对挖掘方法的认知程度相当，也即双方都掌握从大时空尺度的匿名集数据挖掘序列规则的方法，并且假定对同一批次的匿名集数据能够获取匿名集序列规则的数量基本相当。

（3）在推理攻击方面：攻守双方都掌握通过将敏感的空间区域数据与挖掘的序列规则进行关联分析，进而对用户的位置隐私进行推理攻击的方法。同时，攻守双方对于基于敏感序列规则进行推理攻击场景的认知度也基本相同。

这种基于对信息等策略设计的防护模式，符合目前基于时空 K-匿名隐私保护方法的主流模式，在保证 LBS 隐私高安全性保护的同时，可最大限度地保证匿名集数据的可用性，也即可实现敏感时空关联规则的隐私保护力度和数据可用性的最佳平衡。

## 5.2 离线挖掘、在线应用的动态防护模式

为应对传统的基于数据重构的敏感知识净化方法，不能应用于具有长期、连续、在线特点的 LBS 应用环境的问题。我们在上述基于对信息等策略系统架构的基础上，进一步设计具有高效性能的离线挖掘、在线应用的动态防护模式，基本结构如图 5.2 所示。基本过程包括：

（1）对存储在匿名集序列数据库中的大时空尺度的时空 K-匿名信息，采用离线批量处理的方法挖掘匿名集序列规则，并与从相关背景知识得到的敏感空间区域数据库中的数据进行匹配运算，得到所有具有敏感语义信息的匿名集序列规则，进一步得到所有的基于敏感匿名集知识的推理攻击场景，并将结果保存到推理攻击场景库中。

（2）通过对所有敏感匿名集序列规则及推理攻击场景的统计分析，初步得到隐藏这些敏感的匿名集知识、消除对应的推理攻击场景，需要后续增加的时空 K-匿名数据信息量，并以此作为后续时空 K-匿名处理的基本参数。

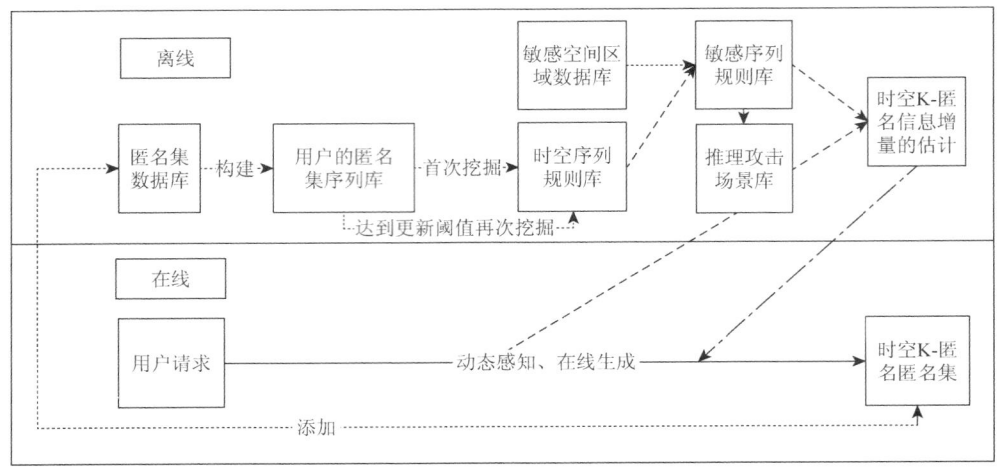

图 5.2　离线挖掘、在线应用服务模式

（3）匿名服务器在线处理 LBS 连续查询的匿名请求时，依据存储在匿名服务器上的敏感匿名集序列规则以及对应推理攻击场景，得到在线匿名处理的优化匿名参数，并根据匿名参数对应生成匿名结果集。

（4）为保证敏感匿名集知识以及对应推理攻击场景的实时性，成功生成的匿名数据集还需要存储更新到匿名服务器的匿名集数据库中。当更新次数达到设定的阈值后，匿名服务器的功能组件部分再次进行匿名集序列规则的挖掘与推理攻击场景分析。

（5）如果实现隐藏所有的敏感匿名集知识，并不再产生新的敏感匿名集知识，则匿名保护成功，同时对本轮的保护流程进行统计分析，以获取相应的优化参数。

（6）定期进行敏感匿名集知识的挖掘与对应推理攻击场景的分析，当发现有新的敏感匿名集知识和推理攻击场景存在时，即刻启动下一轮的动态防护流程。

# 5.3　方　法　设　计

在线匿名处理时生成匿名区域时，遵循"泛化"原则与"避让"原则。"泛化"原则具体内容为：①当用户提出匿名请求时所在的网格不为敏感序列规则的网格，则"尽可能小地泛化"；②当网格为敏感序列规则的网格，且同时又属于敏感空间区域的网格时，则"尽可能大地泛化"；③网格为敏感序列规则的网格，但不属于敏感空间区域的网格时，则采用"简单的泛化"方法。"避让"原则即在"泛化"的过程中应避开选择敏感空间区域的网格和敏感序列规则的网格。

基本的实现过程流程如图 5.3 所示。其中，步骤 J-4 通过条件判断实现"避让"

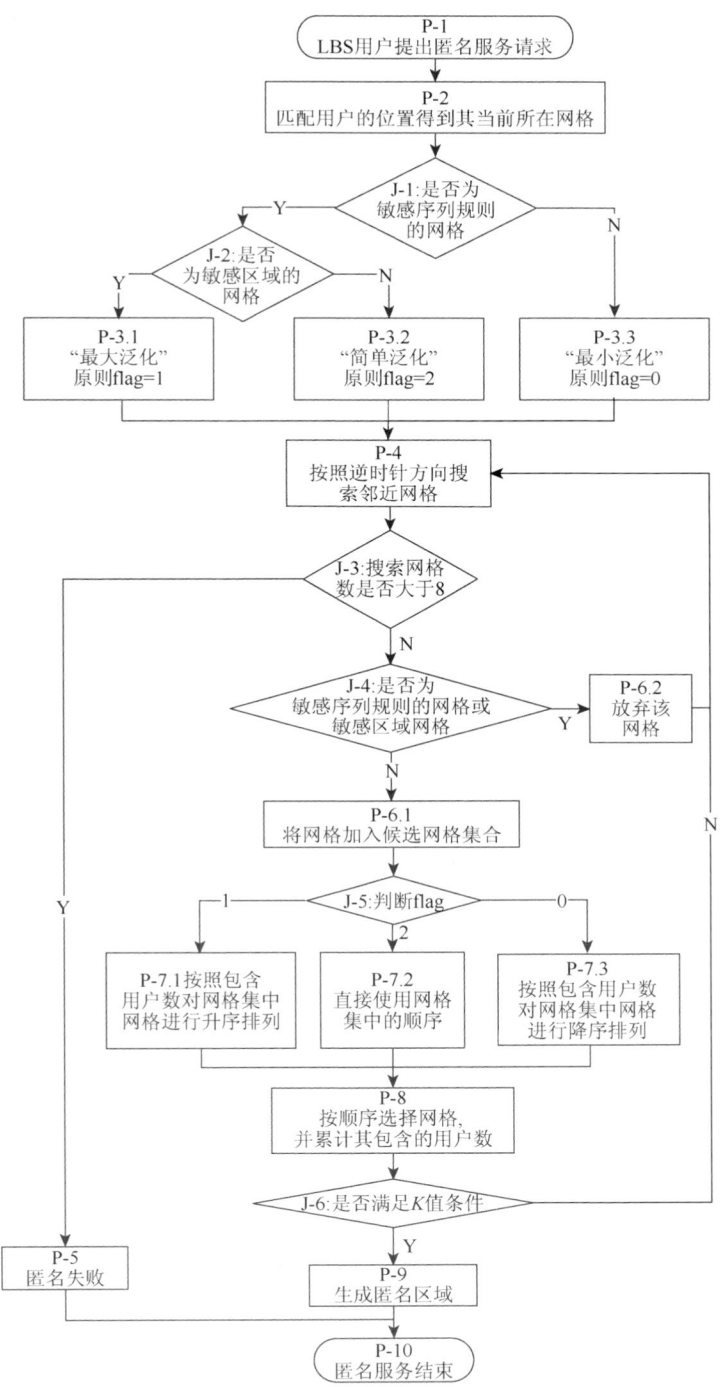

图 5.3 感知敏感序列规则的匿名区域在线生成流程

原则。步骤 P-3.1～P-3.3 将用户当前网格与敏感序列规则的网格以及敏感空间区域的网格进行匹配，并根据匹配结果设定相应的"泛化"标志值（flag）。步骤 P-7.1～P-7.3 分别依照网格包含的用户数量，分别采用升序、降序以及直接使用"泛化"的网格进行匿名区域的生成。此外，步骤 P-4 设定搜索邻近网格的方向，步骤 J-3 对搜索邻近网格的最大数量进行限制，步骤 J-6 判断"泛化"网格累加的用户数是否大于用户设定的 $K$ 值。

## 5.4　算 法 设 计

算法程序实现的伪代码如下：

**算法 5.1**　　$CR : OnlineAS(Cell_{current}, Cells_{SensiRegions}, Cells_{SensiSeqRules}, K)$

**输入**：$Cell_{current}$ 表示用户提出匿名查询请求时所在的网格；$Cells_{SensiRegions}$ 表示与系列敏感空间区域 SensiRegions 相交的网格集合；$Cells_{SensiSeqRules}$ 表示系列敏感序列规则 SensiSeqRules 包含的网格集合；K 表示生成的匿名空间区域至少包括的用户数量。

**输出**：CR 表示感知敏感序列规则 SensiSeqRules 在线生成的匿名区域。

1. $If(Cell_{current} \in Cells_{SensiSeqRules})$
2. $if(Cell_{current} \in Cells_{SensiRegions})$ $CR = CloakRegion(Cell_{current}, K, 1)$；
3. $else\ CR = CloakRegion(Cell_{current}, K, 2)$；
4. $else\ CR = CloakRegion(Cell_{current}, K, 0)$；
5. $return\ CR$；

**算法 5.2**　　$CR : CloakRegion(Cell_{current}, Cells_{SensiSeqRules}, K, flag)$

**输入**：$Cell_{current}$ 用户表示提出匿名查询请求时所在的网格；$Cells_{SensiSeqRules}$ 表示敏感序列规则集包括的网格集；K 表示生成的匿名空间区域至少包括的用户数量；flag 表示对应的"泛化"原则。

**输出**：CR 表示感知敏感序列规则 SensiSeqRules 在线生成的匿名区域。

1. $CR = \varnothing$；
2. $Cells_{Near} = SearchNear(Cell_{current})$；
3. $Cells_{All} \cdot add(Cells_{Near})$；
4. $For\ each\ Cell \in Cells_{All}$
5. $if(Cell \in Cells_{SensiSeqRules})\ continue$；
6. $else\ TempCR \cdot add(Cell)$；
7. $if(flag == 0)\ TempCR = DescSort(TempCR)$；
8. $if(flag == 1)\ TempCR = AsceSort(TempCR)$；

9.　$k = Cell_{current} \cdot GetUsersCount()$；

10. For each $Cell \in TempCR$

11. $\{ k+ = Cell \cdot GetUsersCount()$；

12. $if(k \leqslant K)\ CR \cdot add(Cell)$；

13. $else return\ CR$；　$\}$

14. $return\ CR$；

算法 5.1 为程序实现的入口，其依据 $Cell_{current}$ 与 $Cells_{SensiRegions}$ 以及 $Cells_{SensiSeqRules}$ 的关系判断，对调用算法 5.2 的 flag 参数进行赋值。算法 5.2 中第 1 行初始赋值 CR 为空集；第 2～3 行对 $Cell_{current}$ 的邻近的 8 个网格进行搜索；第 4～6 行过滤搜索结果中的敏感序列规则的网格；第 7 行依据网格包含的用户数量，对搜索的网格集合进行降序重组；第 8 行依据网格包含的用户数量，对搜索的网格集合进行升序重组；第 9～13 行累计重组网格集中的用户数，直至不小于用户设定的 $K$ 值，同时构建相应的匿名空间区域；第 14 行返回匿名失败的结果。

## 5.5　实　例　分　析

我们以简单的示例对传统的匿名方法和算法执行的结果进行比较，以图 5.4 为例，表 5.1 列出个各个网格对应的用户数量。假设某时段用户 $U_{11}$ 在网格 $C_{22}$ 处提出查询请求，K-匿名要求为 $K=10$。

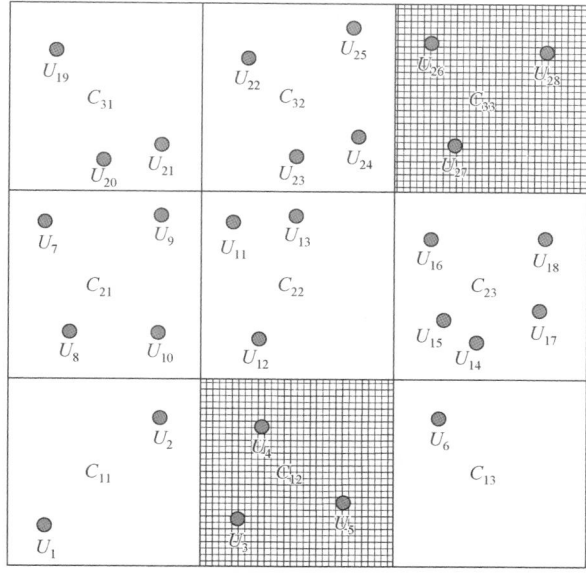

图 5.4　某时段提出查询的用户在某地区的网格分布图

表 5.1　候选集排序结果

| Cell_id | User Count |
|---|---|
| $C_{13}$ | 1 |
| $C_{11}$ | 2 |
| $C_{31}$ | 3 |
| $C_{32}$ | 4 |
| $C_{21}$ | 4 |
| $C_{23}$ | 5 |

原始的匿名算法处理后，得到匿名集网格集合 CR=$\{C_{22}, C_{12}, C_{13}, C_{23}\}$，用户集合 AUS=$\{U_{11}, U_{12}, U_{13}, U_3, U_4, U_5, U_6, U_{14}, U_{15}, U_{16}, U_{17}, U_{18}\}$，如图 5.5（a）所示。

采用针对敏感区时空序列规则的匿名方法处理。

假设 $C_{22}$ 为敏感时空序列规则前后项非敏感区，则得到匿名集网格集合 CR=$\{C_{22}, C_{13}, C_{23}, C_{32}\}$，用户集合 AUS=$\{U_{11}, U_{12}, U_{13}, U_6, U_{14}, U_{15}, U_{16}, U_{17}, U_{18}, U_{22}, U_{23}, U_{24}, U_{25}\}$，如图 5.5（b）所示。

假设 $C_{22}$ 为敏感区，则搜索周围 8 个网格，并按照网格对应的用户数量进行升序排列$\{C_{13}, C_{11}, C_{31}, C_{32}, C_{21}, C_{23}\}$，从小到大选择，得到匿名集网格集合 CR=$\{C_{22}, C_{13}, C_{11}, C_{31}, C_{32}\}$，用户集合 AUS=$\{U_{11}, U_{12}, U_{13}, U_6, U_1, U_2, U_{19}, U_{20}, U_{21}, U_{22}, U_{23}, U_{24}, U_{25}\}$，如图 5.5（c）所示。

假设 $C_{22}$ 为普通区域，则得到匿名集网格集合 CR=$\{C_{22}, C_{23}, C_{21}\}$，AUS=$\{U_7, U_8, U_9, U_{10}, U_{11}, U_{12}, U_{13}, U_{14}, U_{15}, U_{16}, U_{17}, U_{18}\}$，如图 5.5（d）所示。

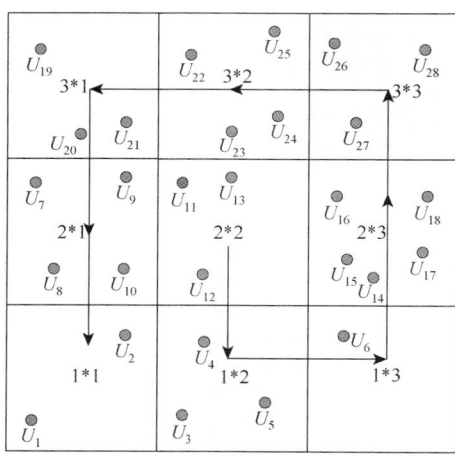

(a) 原始匿名结果

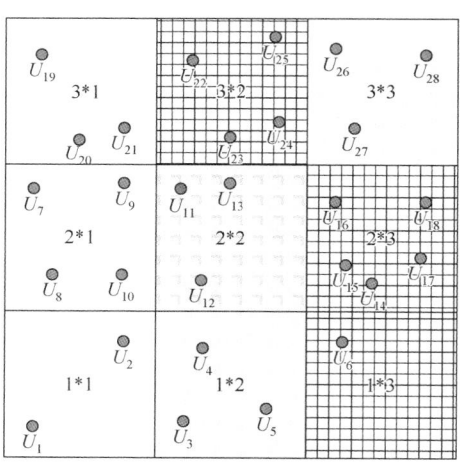

(b) 针对一般时空序列规则的匿名结果

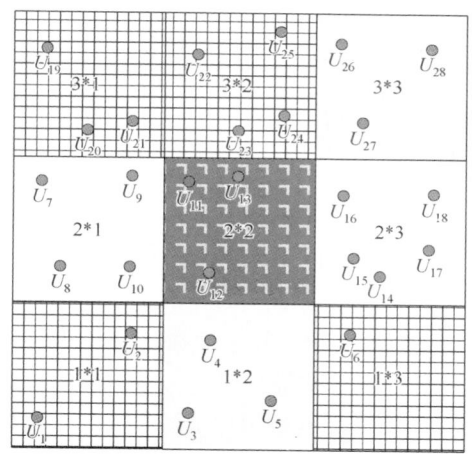 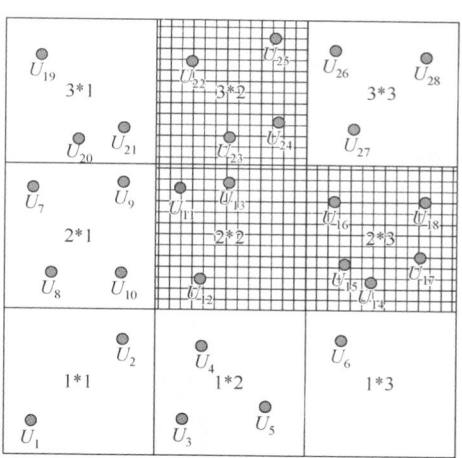

(c) 针对敏感时空序列规则的匿名结果(敏感区)　　　(d) 针对敏感时空序列规则的匿名结果(普通区)

图 5.5　匿名结果（详见书后彩图）

# 6 实验结果与分析

## 6.1 实验数据的模拟

由于目前时空 K-匿名及其优化方法并没有在商业的 LBS 系统上得以大规模推广应用，无法直接获得真实的时空 K-匿名集查询数据进行研究分析。为保证研究工作的顺利开展，我们设计并开发了从 GPS 轨迹数据模拟生成 LBS 时空 K-匿名实验数据的软件系统，软件系统功能框架的基本界面如图 6.1 所示。该软件系统的基本功能包括：

（1）数据预处理（Excel->SQL 转换，GPS 轨迹->Shp 文件输出，时间离散化，时段->Shp 文件输出）。

（2）时空网格（网格划分，轨迹点匹配，网格用户数统计）。

（3）时空匿名集（网格匿名集，快照匿名集，序列匿名集（文本），序列匿名集（图形））。

（4）多步推理（多步转移概率矩阵（文本）、多步转移概率矩阵（图形）等功能）。

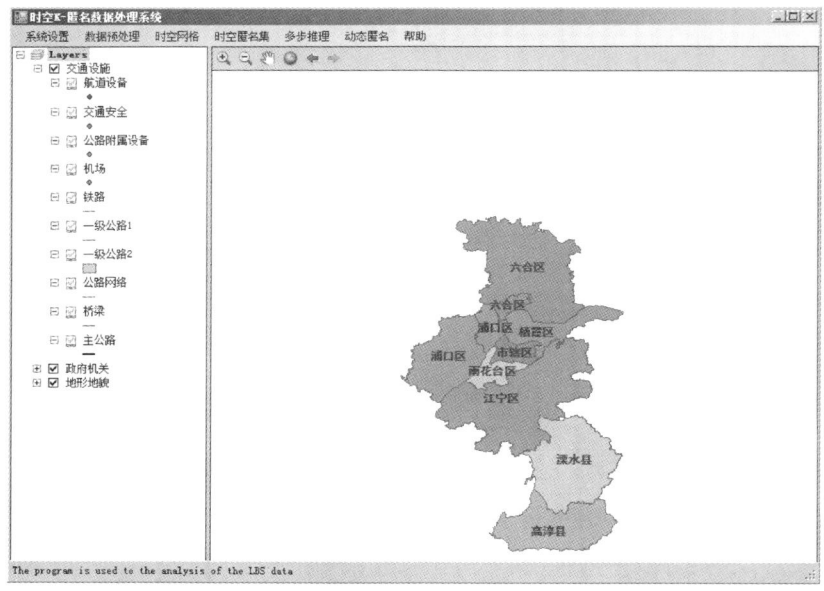

图 6.1 软件系统的功能界面图

（5）动态匿名（动态匿名（文本）、动态匿名（图形）等功能）。

下面，我们以南京市某家出租车管理公司于 2007 年 7 月 15 日（0：00～24：00）采集的 2612 辆出租车的 GPS 轨迹数据为例，对软件模拟生成连续查询匿名集数据的原理进行分析。

## 6.1.1　数据预处理

原始 GPS 轨迹数据以数秒为采样间隔，每个 GPS 轨迹点都包括采集日期，纬度坐标值，速度以及状态等信息。每辆出租车对应一条 GPS 轨迹序列，具体内容见表 6.1。

表 6.1　一个用户的具体轨迹信息

| VT_ID | VT_DATE | VT_LONG | VT_LAT | VT_SPEED | VT_STATE |
|---|---|---|---|---|---|
| 1 | 2007-7-15 0：00：22 | 118801672 | 32104136 | 38 | 224 |
| 2 | 2007-7-15 0：00：52 | 118799099 | 32101571 | 31 | 220 |
| 3 | 2007-7-15 0：02：23 | 118790567 | 32097163 | 32 | 256 |
| 4 | 2007-7-15 0：01：23 | 118795875 | 32099112 | 53 | 228 |
| 5 | 2007-7-15 0：01：53 | 118792154 | 32097502 | 34 | 254 |
| 6 | 2007-7-15 0：02：54 | 118786197 | 32096812 | 38 | 272 |
| ⋮ | ⋮ | ⋮ | ⋮ | ⋮ | ⋮ |

原始 GPS 轨迹数据采用 EXCEL 文件格式进行存储，为提高数据管理的效率，我们首先将数据转存到 Microsoft SQLServer2008 数据库，并进行一系列的预处理，如图 6.2 所示。

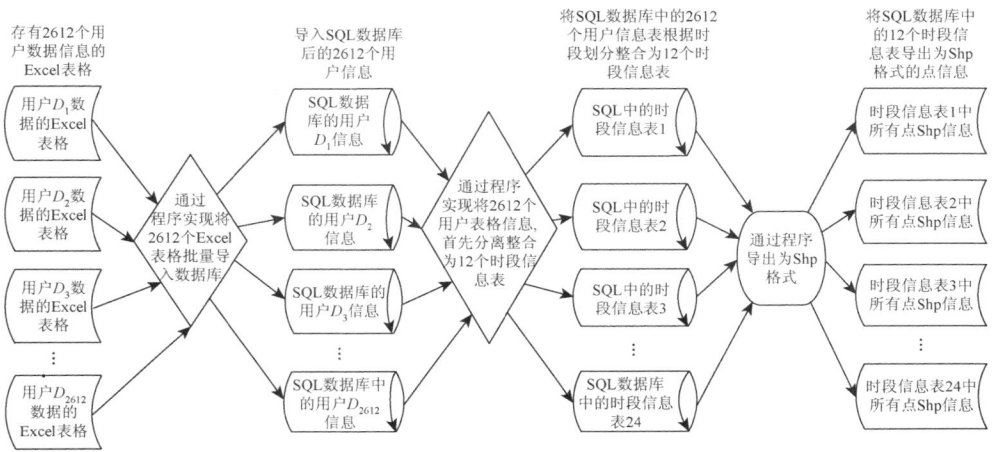

图 6.2　数据预处理整体流程

（1）Excel->SQL 转换：将对应 2612 辆出租车的 GPS 轨迹数据的 2612 个 EXCEL 文件，批量导入到 SQLServer2008 数据库中，生成 2612 个用户 GPS 轨迹信息表（$D_1, D_2, \cdots, D_{2612}$）。其中，在用户 GPS 轨迹信息表中采集日期（VT_DATE）采用时间格式（hh：mm：ss）类型。

（2）GPS 轨迹->Shp 文件输出：采用 Visual Studio 2010 C#+ArcGIS Engine 10 开发功能模块，完成读取 2612 个用户 GPS 轨迹信息表，生成 2612 条轨迹数据 Shp 文件。

（3）时间离散化（按时段分离整合数据）：将 SQLServer2008 数据库中 2612 个用户 GPS 轨迹信息，等间隔划分为 24 个时段（0～1 点定义为时段 1，1～2 点定义为时段 2，…，23～24 点定义为时段 24），生成 24 个时段信息表。

（4）时段->Shp 文件输出：将 SQLServer2008 数据库中包含所有 GPS 轨迹点信息的 24 个时段信息表，输出转换为 24 个 Shp 格式的图形文件，其中时段 14 与南京市基础地理数据的图形叠加显示如图 6.3 所示。

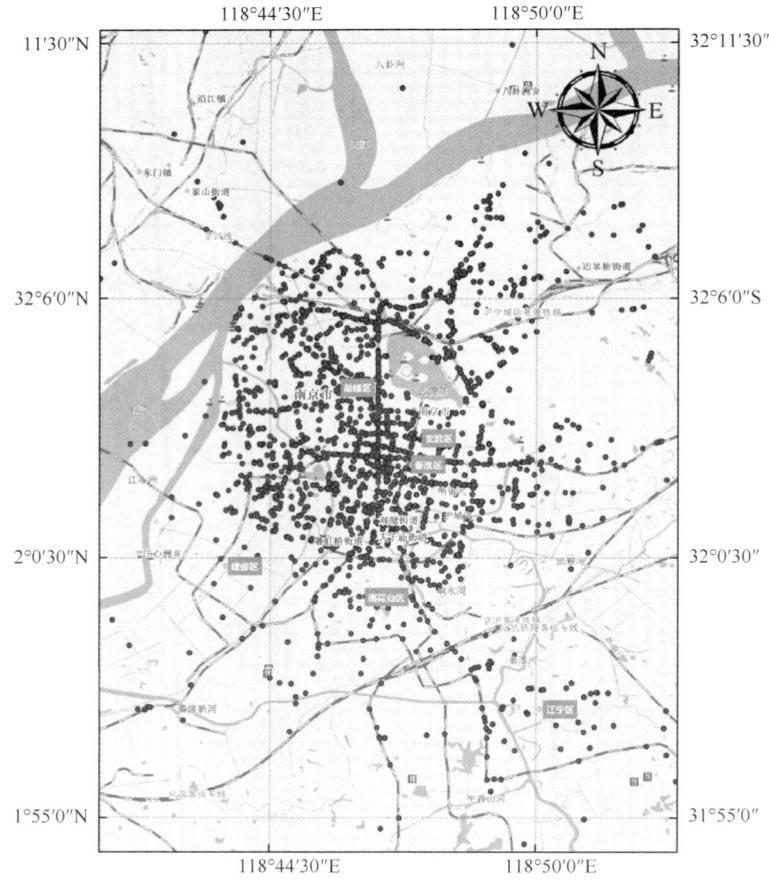

图 6.3　时段 14 的 GPS 轨迹点分布情况

## 6.1.2　时空网格

1. 图幅网格划分

（1）获取所有 GPS 轨迹点的空间分布范围。该操作可以从包含 24 个时段的 Shp 数据文件的 ESRI ArcGIS Map 文档的地图属性得到，也可以通过对 SQLServer2008 数据库中的 24 个时段表的统计计算得到：执行 SQL 语句为 select max（VT_LONG），max（VT_LAT），min（VT_LONG），min（VT_LAT）from 用户信息表。在本实例中我们得到 GPS 轨迹点的空间分布范围为：max（VT_LONG）=119.163E，max（VT_LAT）=32.508N，min（VT_LONG）=118.396E，min（VT_LAT）=31.279N。

（2）依据所有 GPS 轨迹点的空间分布范围以及 GPS 轨迹点的空间分布密度，最终选择分布密度比较大的市中心作为研究区域，其空间范围为：max（VT_LONG）=118.819E，max（VT_LAT）=32.096N，min（VT_LONG）=118.724E，min（VT_LAT）=32.002N。

（3）对研究区域进行空间离散的划分。在本实例中，我们采用等空间间隔的方式进行划分，将研究区域划分为 20×20 个标准矩形空间网格（每个网格的空间分辨率为 440.52m×524.64m），并将其保存为 grid.shp 图形文件，其叠加基础地理背景数据后的图形显示如图 6.4 所示。

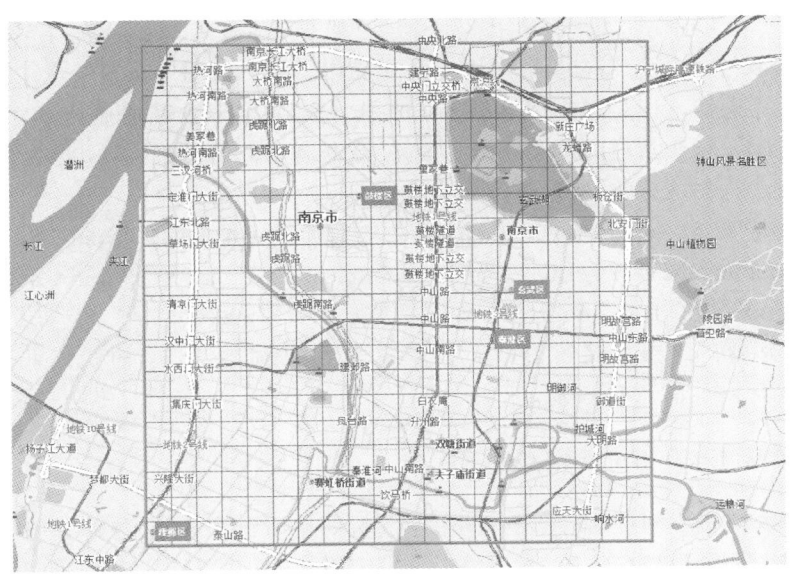

图 6.4　20×20 图幅网格图

（4）为便于后续实验利用 SQL 查询语句对划分的网格进行操作，我们将划分的网格信息保存到 SQLServer2008 数据库的图幅网格边界信息表，其数据示例如表 6.2 所示。

**表 6.2　图幅网格边界信息表**

| TFBM | maxx | maxy | minx | miny |
|------|------|------|------|------|
| 0*0 | 118.729752803 | 32.0072987770001 | 118.725085868 | 32.0025674700001 |
| 0*1 | 118.734419738 | 32.0072987770001 | 118.729752803 | 32.0025674700001 |
| 0*2 | 118.739086673 | 32.0072987770001 | 118.734419738 | 32.0025674700001 |
| 0*3 | 118.743753609 | 32.0072987770001 | 118.739086673 | 32.0025674700001 |
| 0*4 | 118.748420544 | 32.0072987770001 | 118.743753609 | 32.0025674700001 |
| 0*5 | 118.753087479 | 32.0072987770001 | 118.748420544 | 32.0025674700001 |
| 0*6 | 118.757754414 | 32.0072987770001 | 118.753087479 | 32.0025674700001 |
| 0*7 | 118.762421349 | 32.0072987770001 | 118.757754414 | 32.0025674700001 |
| 0*8 | 118.767088284 | 32.0072987770001 | 118.762421349 | 32.0025674700001 |
| 0*9 | 118.77175522 | 32.0072987770001 | 118.767088284 | 32.0025674700001 |
| ⋮ | ⋮ | ⋮ | ⋮ | ⋮ |

### 2. 轨迹点与图幅网格的匹配

GPS 轨迹点与划分的图幅网格的匹配操作，可以使用 ArcGIS 软件的空间拓扑关系运算操作，但是，利用这种方法来进行大规模 GPS 轨迹点与 $20 \times 20$ 图幅网格的匹配运算非常耗时。我们使用 SQL 查询语句进行直接运算，匹配效率可以大大提高。匹配运算的 SQL 语句为

"update"+tablename+"set"+tablename+".TFBM=hfwgx.TFBM from hfwgx where minx＜"+tablename+".VT_LONG and"+tablename+".VT_LONG＜maxx and miny＜"+tablename+".VT_LAT and"+tablename+".VT_LAT＜maxy"

匹配运算的结果存储到 24 个时段信息表（时段信息表 1，时段信息表 2，…，时段信息表 24）的"TFBM"字段中。

### 3. 图幅网格包含用户数的统计

分别统计 24 个时段信息表中的每个图幅网格所包含的用户数，并将结果存入 SQLServer 数据库 TFCT 表。为避免用于设定用户标识隐私保护级别的 $K$ 值过大，我们将同一用户在同一时段的多个 GPS 轨迹点，只计算一次。

图幅网格包含用户数的统计的 SQL 语句为：

"update"+name+"set"+name+".图幅编号=hfwgx.TFBM from hfwgx where minx＜"+name+".VT_LONG　and"+name+".VT_LONG ＜ maxx　and　miny ＜ "+name+".VT_LAT and"+name+".VT_LAT＜maxy"

### 6.1.3　序列匿名集

从所有网格的匿名集数据中模拟生成连续查询匿名集的基本原理过程如图 6.5 所示，具体描述如下：

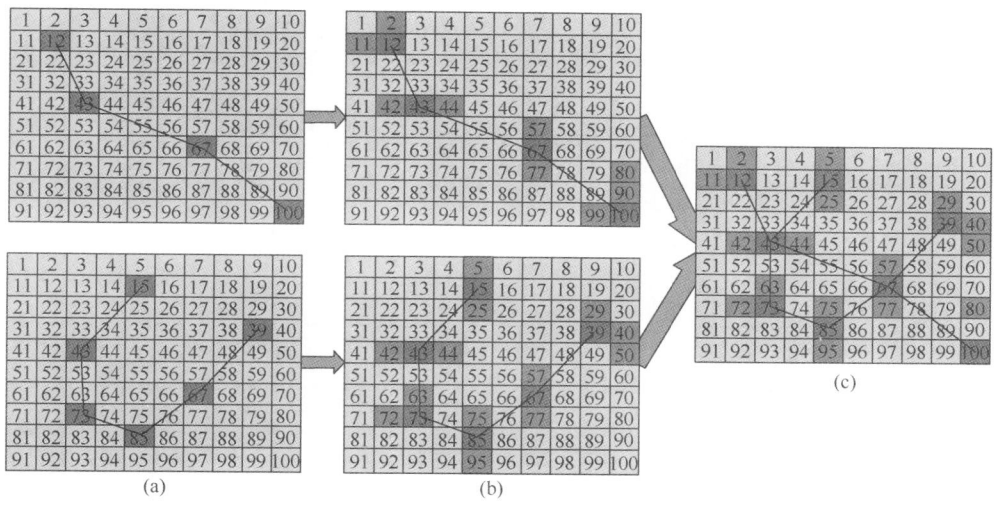

图 6.5　模拟生成匿名集序列的流程示意图

（1）从 2612 个用户中随机选择一定数量（例如，500，1000，…）的用户。

（2）将用户的轨迹点，与空间网格进行空间匹配得到轨迹点对应的网格序列。

（3）将轨迹点对应网格的序列分别在 24 个时段进行时间重复抽样，得到最多包含 24 个时段对应网格的序列。图 6.6 是某一用户的网格序列叠加基础地理背景数据的图形显示。

（4）对"网格序列"中的单点进行匿名集数据的生成，得到对应的"匿名集序列"。图 6.7 是对应图 6.6 中的网格序列的匿名集序列叠加基础地理背景数据的图形显示。

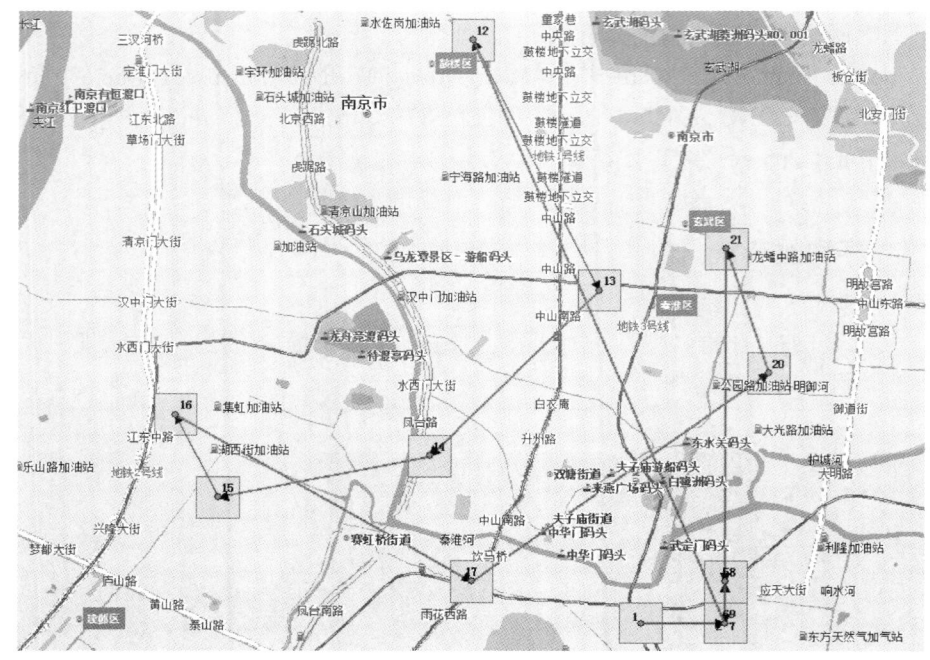

图 6.6　用户 $D_{1021}$ 生成轨迹网格序列（详见书后彩图）

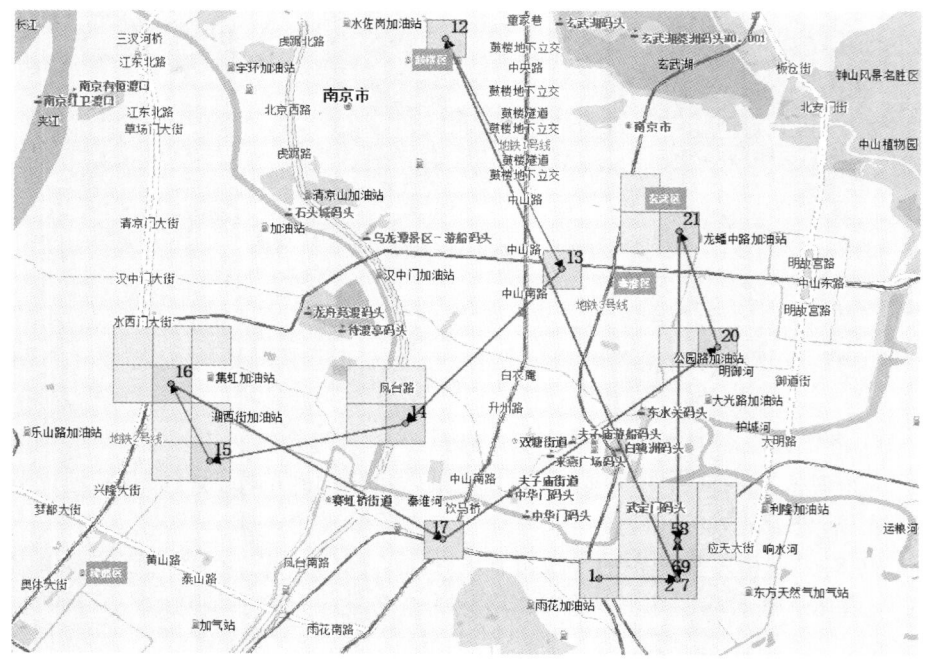

图 6.7　用户 $D_{1021}$ 生成匿名集序列（详见书后彩图）

此外，为满足我们设计的序列规则挖掘算法的需要，对网格序列和匿名集序列的数据采用事务数据结构的形式进行表达。表 6.3 是某一网格序列的结构表达，表 6.4 是其对应的匿名集序列结构的表达。

表 6.3　网格序列的事务数据结构表达

| SeqID | SCell |
|---|---|
| $D_{666}$ | 65*42-1 49*55-1 57*48-1 58*45-1 56*48-1 59*50 59*49-1 59*55 59*54-1 60*49-1 54*48-1 52*46-1-2 |
| ⋮ | ⋮ |

表 6.4　匿名集序列的匿名集序列结构表达

| SeqID | SAS |
|---|---|
| $D_{666}$ | 65*42 65*41 66*41 66*42 66*43 65*43-1 48*55 48*54 49*54 49*55-1 57*49 57*48-1 58*46 58*45-1 56*49 56*48-1 59*50 59*49-1 59*55 59*54-1 60*50 60*49-1 54*48 54*47-1 51*47 51*46 52*46-1-2 |
| ⋮ | ⋮ |

其中，SeqID 对应于关系表中 UserID 字段，SCell 和 SAS 分别表示对应的网格序列和匿名集序列。"-1"表示一个网格（匿名集）的结束，"-2"表示一个（网格）匿名集序列的结束。

依据表 6.5 中匿名集参数，我们分别模拟生成如表 6.6、表 6.7 所示的连续查询的匿名集序列数据。表 6.6 中设定相同 $K$ 值的不同批次的匿名集序列数据（以下简称相同 $K$ 值不同批次的匿名集数据），表 6.7 中是在设定不同 $K$ 值情况时一次连续匿名查询生成的匿名集序列数据（以下简称同一过程不同 $K$ 值的匿名集数据）。使用相同 $K$ 值不同批次的匿名集数据用于检验算法的稳定性，而同一过程不同 $K$ 值的匿名集数据则主要用于发现算法相对于匿名集数据生成参数（$K$）的变化规律。

表 6.5　时空 K-匿名方法的基本参数设置

| 参数 | | 数值 |
|---|---|---|
| 批次 | | 10 |
| $K$ | | 10～20 |
| 空间扩展（spatial extension，SE） | 网格分辨率 | 440.52m×524.64m |
| | 最大空间网格数 | 8 个邻近的网格 |
| | 搜索方向 | 顺时针方向 |
| 时间扩展（period delay，PD） | 时段分辨率 | 2 个小时 |
| | 最大时间超前/延迟 | 1 个时段 |

表 6.6　模拟生成相同 $K$ 值不同批次连续查询匿名集的信息

| 批次 | 序列数 | 总的匿名集数量 | 成功的数量 | 成功率/% |
|---|---|---|---|---|
| 1 | 974 | 15612 | 15367 | 98.43 |
| 2 | 977 | 15825 | 15580 | 98.45 |
| 3 | 976 | 15425 | 15220 | 98.67 |
| 4 | 971 | 15694 | 15466 | 98.55 |
| 5 | 969 | 15847 | 15658 | 98.81 |
| 6 | 979 | 15760 | 15529 | 98.53 |
| 7 | 977 | 15685 | 15468 | 98.62 |
| 8 | 971 | 15342 | 15099 | 98.42 |
| 9 | 975 | 15652 | 15435 | 98.61 |
| 10 | 972 | 15459 | 15221 | 98.46 |

表 6.7　模拟生成同一过程不同 $K$ 值的连续查询匿名集信息

| $K$ 值 | 序列数 | 总的匿名集数量 | 成功的数量 | 成功率/% |
|---|---|---|---|---|
| 10 | 977 | 15589 | 15386 | 98.7 |
| 11 | 977 | 15589 | 15334 | 98.36 |
| 12 | 977 | 15589 | 15263 | 97.91 |
| 13 | 977 | 15589 | 15188 | 97.43 |
| 14 | 977 | 15589 | 15070 | 96.67 |
| 15 | 977 | 15589 | 14957 | 95.95 |
| 16 | 976 | 15589 | 14815 | 95.03 |
| 17 | 976 | 15589 | 14681 | 94.18 |
| 18 | 976 | 15589 | 14572 | 93.48 |
| 19 | 976 | 15589 | 14448 | 92.68 |
| 20 | 976 | 15589 | 14261 | 91.48 |

## 6.2　序列规则挖掘实验及结果分析

本实验对比分析概率化与非概率化方法在设定相同支持度、置信度阈值时，挖掘得到的匿名集序列规则的基本性能指标以及基于序列规则的预测指标。基本性能指标包括挖掘规则的数量、支持度均值以及置信度均值，而预测指标包括基于规则进行预测的准确率均值、召回率均值以及 $F$ 值均值。为了检验算法的稳定性，以及发现算法相对于匿名集数据生成参数（$K$）的变化规律，我们分别对从相同 $K$ 值不同批次的匿名集数据、同一过程不同 $K$ 值的匿名集数据中挖掘得到匿名集序列规则（以下分别简称为相同 $K$ 值不同批次的序列规则、同一过程不同 $K$ 值的序列规则）进行分析。

## 6.2.1 相同 $K$ 值不同批次的序列规则

为了检验算法的稳定性，我们对表 6.6 中的 10 个批次的匿名集序列数据，设定支持度阈值、置信度阈值分别为 2%、15%，分别采用本书设计的概率化方法以及非概率化方法进行序列规则的挖掘。同时，对于挖掘得到的序列规则，采用 10 个批次的匿名集序列数据所对应的网格序列数据进行预测指标的计算。概率化挖掘的序列规则基本性能指标以及预测指标的基本信息如表 6.8 所示。非概率化挖掘的序列规则基本性能指标以及预测指标的基本信息如表 6.9 所示。

**表 6.8　$K$=10 不同批次数据中挖掘规则的信息（概率化）**

| 批次 | 数量 | 置信度均值 | 支持度均值 | 准确率均值 | 召回率均值 | $F$ 值均值 |
|---|---|---|---|---|---|---|
| 1 | 6 | 0.16978212384007518 | 0.02506282048141616 | 0.1770164630289878 | 0.022781774580335732 | 0.040368216 |
| 2 | 6 | 0.1783376518277396 | 0.02427893756179177 | 0.16546340865363257 | 0.02544398907103825 | 0.044105668 |
| 3 | 5 | 0.16826861928387968 | 0.027091355136390962 | 0.16816161948650427 | 0.02441025641025641 | 0.042632064 |
| 4 | 8 | 0.18484066678373517 | 0.02793455633619568 | 0.1785020911561941 | 0.0268041237113402 | 0.046609326 |
| 5 | 7 | 0.18396063138260252 | 0.02855232292024259 | 0.16646267168208756 | 0.025383707201889018 | 0.044050242 |
| 6 | 9 | 0.17278707527901468 | 0.027152615432137768 | 0.17118883758718859 | 0.024312656214496704 | 0.042578246 |
| 7 | 7 | 0.17886739229158868 | 0.026487858791229574 | 0.1753030256868063 | 0.023419203747072598 | 0.041318551 |
| 8 | 8 | 0.17848863815302088 | 0.025648242920504945 | 0.16537132734771698 | 0.024097938144329895 | 0.04206601 |
| 9 | 3 | 0.16923979694647875 | 0.025973724110310105 | 0.1707064494377927 | 0.025325119780971937 | 0.044106786 |
| 10 | 8 | 0.1751948309167137 | 0.02797150997150997 | 0.16350795410781938 | 0.022785787847579814 | 0.039997667 |

**表 6.9　$K$=10 不同批次数据中挖掘规则的信息（非概率化）**

| 批次 | 数量 | 置信度均值 | 支持度均值 | 准确率均值 | 召回率均值 | $F$ 值均值 |
|---|---|---|---|---|---|---|
| 1 | 43 | 0.19439961188652555 | 0.024211248285322354 | 0.14003849695296494 | 0.01305002509620211 | 0.023875152 |
| 2 | 36 | 0.19068670466381069 | 0.024330261210066376 | 0.1455441727735677 | 0.013917349726775956 | 0.025405366 |
| 3 | 34 | 0.18659690281148347 | 0.02411008756965768 | 0.1621960655275816 | 0.015656108597285067 | 0.028555841 |
| 4 | 41 | 0.19434031252167192 | 0.025584619093539058 | 0.1630188844333829 | 0.016645712848881063 | 0.030207014 |
| 5 | 45 | 0.1897720830895531 | 0.02544522870563412 | 0.14758834478947522 | 0.014439853076216713 | 0.026305965 |
| 6 | 56 | 0.18085436007940134 | 0.023827542712991628 | 0.15517951179695127 | 0.013840198656149579 | 0.025413785 |
| 7 | 41 | 0.18821982537560894 | 0.024058806362177134 | 0.16732976556439497 | 0.01414434226309476 | 0.026083825 |
| 8 | 30 | 0.19372544269818118 | 0.02389095538857128 | 0.1532757960358543 | 0.015085910652920958 | 0.0274683 |
| 9 | 37 | 0.19598187756543467 | 0.025712324064538283 | 0.1469695945999861 | 0.01368000443975803 | 0.025030186 |
| 10 | 45 | 0.1839129657177524 | 0.024005544000554006 | 0.1534235020569455 | 0.013594232749742533 | 0.024975489 |

概率化与非概率化方法挖掘序列规则的基本性能指标对比如图 6.8～图 6.10 所示。从中可以看出，对于从 10 个批次数据挖掘的规则数，概率化方法的数量均小于非概率化的数量（图 6.8）；对于从 10 个批次数据挖掘规则的支持度均值，概率化方法的结果均大于非概率化的结果（图 6.9）；对于从 10 个批次数据挖掘规则的置信度均值，概率化方法的结果均小于非概率化的结果（图 6.10）。3 个基本性能指标对比表明，相对于非概率化方法的挖掘结果，概率化方法挖掘的序列规则具有数量少、支持度均值高、置信度均值低的特点。数量少是因为概率化挖掘方法在支持度的计算上采用了概率化的计算方法，使得频繁模式的数量减少，最终导致挖掘序列规则的数量减少。支持度均值高是因为概率化挖掘方法得到规则的数量较少。置信度均值低是因为非概率化挖掘方法采用非概率化的支持度计算方法，导致产生了大量的虚假的强规则。

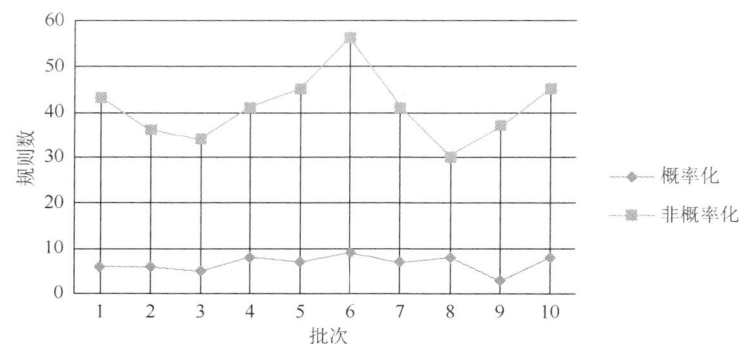

图 6.8　概率化与非概率化方法挖掘序列规则数量的对比（相同 $K$ 值不同批次）

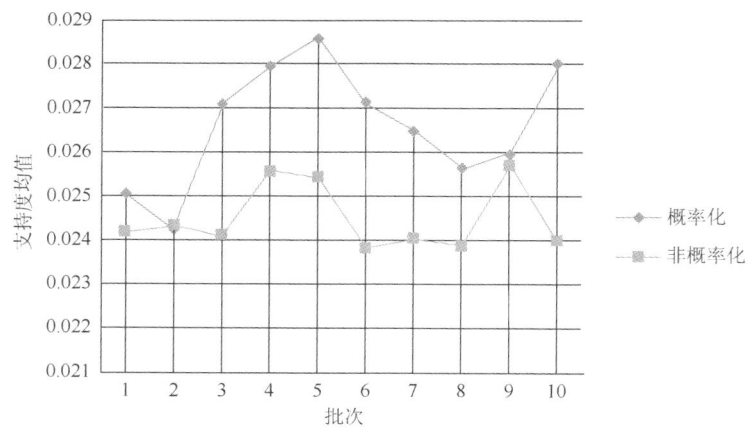

图 6.9　概率化与非概率化方法挖掘序列规则的支持度均值对比（相同 $K$ 值不同批次）

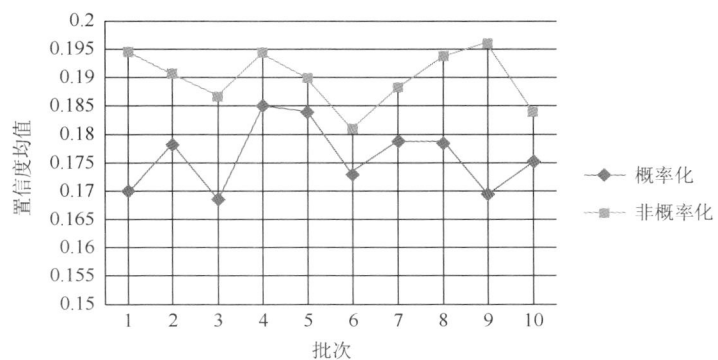

图 6.10　概率化与非概率化方法挖掘序列规则的置信度均值对比（相同 *K* 值不同批次）

概率化与非概率化方法挖掘序列规则的预测指标对比如图 6.11～图 6.13 所示。从中可以看出，两种方法挖掘的 10 个批次的序列规则，在对测试数据进行预测时，概率化方法挖掘的规则均具有相对较高的准确率均值（图 6.11）、召回率均值（图 6.12）和 *F* 值均值（图 6.13）。召回率均值高表明概率化方法挖掘的序列规则，在用于测试数据的预测时有更多匹配到的规则数量。准确率均值表明概率化方法挖掘的序列规则，在用于测试数据的预测时具有更高的预测精度。而 *F* 值均值是准确率和召回率加权（权值 *a*=1）调和平均，综合反映规则的预测性能。概率化方法挖掘规则在用于测试数据预测时均具有较高的 *F* 值均值，表明概率化方法挖掘规则具有较高的可用性。

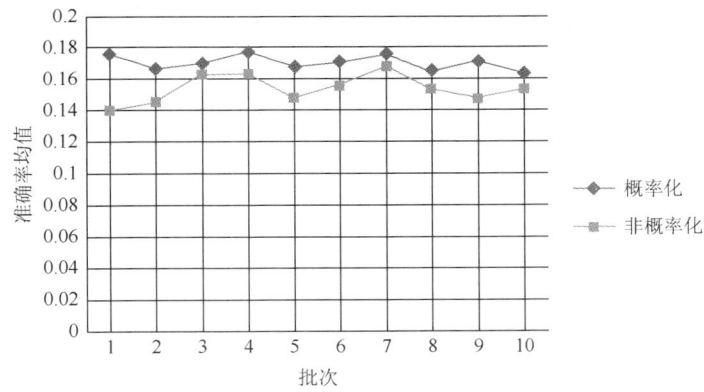

图 6.11　概率化与非概率化方法挖掘序列规则的准确率均值对比（相同 *K* 值不同批次）

综合上述概率化与非概率化方法挖掘序列规则的基本性能指标和预测指标的对比结果，可以得出结论：相对于与非概率化方法挖掘序列规则，针对相同 *K* 值不同批次的匿名序列数据，概率化方法挖掘的序列具有规则数量少、估计保守（置信度低）、预测精度高的特点。

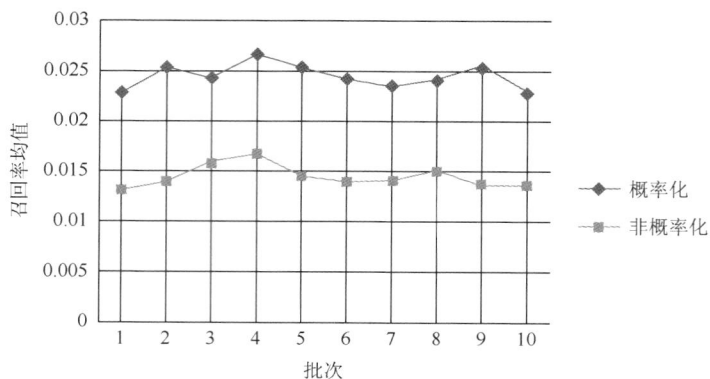

图 6.12　概率化与非概率化方法挖掘序列规则的召回率均值对比（相同 $K$ 值不同批次）

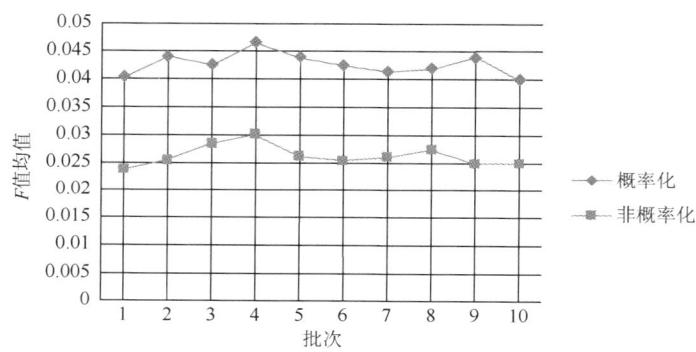

图 6.13　概率化与非概率化方法挖掘序列规则的 $F$ 值均值对比（相同 $K$ 值不同批次）

## 6.2.2　同一过程不同 $K$ 值的序列规则

为了发现算法相对于匿名集数据生成参数（$K$）的变化规律，我们对表 6.8 中匿名集数据生成参数为 $K=10\sim20$ 的同一批次的匿名集序列数据，分别采用本书设计的概率化方法以及非概率化方法进行序列规则的挖掘。两种挖掘算法的支持度阈值、置信度阈值也分别为 2%、15%。同样，对于两种算法的性能对比也采用基本性能指标与预测指标。两种算法挖掘的性能指标信息分别如表 6.10 和表 6.11 所示。

表 6.10　相同批次，不同 $K$（10～20）值数据中挖掘规则的信息（概率化）

| $K$值 | 数量 | 置信度均值 | 支持度均值 | 准确率均值 | 召回率均值 | $F$值均值 |
|---|---|---|---|---|---|---|
| 10 | 8 | 0.17442419001034543 | 0.027542860798362337 | 0.17181215582461168 | 0.025844421699078808 | 0.044930312 |
| 11 | 7 | 0.17771240174562908 | 0.02660232977530828 | 0.17483033072714918 | 0.024711215089925426 | 0.043301959 |
| 12 | 6 | 0.1790508821563268 | 0.024658819515523716 | 0.17885456393053248 | 0.02320027294438758 | 0.041072758 |
| 13 | 8 | 0.17691586685446742 | 0.026036335721596728 | 0.1691403324897038 | 0.023541453428863865 | 0.041330417 |

| $K$值 | 数量 | 置信度均值 | 支持度均值 | 准确率均值 | 召回率均值 | $F$值均值 |
|---|---|---|---|---|---|---|
| 14 | 8 | 0.17172652162598873 | 0.025798880196909877 | 0.1691403324897038 | 0.023541453428863865 | 0.041330417 |
| 15 | 7 | 0.172319265385036 | 0.02617724674311895 | 0.17483033072714918 | 0.024711215089925426 | 0.043301959 |
| 16 | 8 | 0.1701648177838607 | 0.025079258351223002 | 0.1691403324897038 | 0.023565573770491805 | 0.041367585 |
| 17 | 6 | 0.17486647810580921 | 0.026164183797380516 | 0.1766698686069614 | 0.025614754098360656 | 0.044742454 |
| 18 | 6 | 0.1708139803276998 | 0.02689393323358487 | 0.1737942019751513 | 0.027493169398907103 | 0.047475939 |
| 19 | 4 | 0.1797827878946222 | 0.02909907217668488 | 0.17805564404799828 | 0.030481557377049183 | 0.052052231 |
| 20 | 4 | 0.18342981704472777 | 0.026398443598750973 | 0.18038441117128595 | 0.02715163934426229 | 0.04719886 |

**表 6.11　相同批次，不同 $K$（10～20）值数据中挖掘规则的信息（非概率化）**

| $K$值 | 数量 | 置信度均值 | 支持度均值 | 准确率均值 | 召回率均值 | $F$值均值 |
|---|---|---|---|---|---|---|
| 10 | 50 | 0.1940248118840831 | 0.02407369498464687 | 0.16438852117801248 | 0.013449334698055277 | 0.024864405 |
| 11 | 84 | 0.19515334019200495 | 0.023578008480772034 | 0.1609447372043034 | 0.011222400935809337 | 0.020981778 |
| 12 | 113 | 0.18904339362709507 | 0.023925281473899686 | 0.1428710198792618 | 0.009741921333528303 | 0.018240108 |
| 13 | 179 | 0.18578525203025956 | 0.023961220429427405 | 0.1266695006893605 | 0.00791232044897185 | 0.01489428 |
| 14 | 292 | 0.18189195347891654 | 0.023396001505414921 | 0.10800054862024687 | 0.006359322844671422 | 0.012011387 |
| 15 | 424 | 0.1819696157159672 | 0.02454805684405630 | 0.0973652327806626 | 0.005483084949101176 | 0.010381538 |
| 16 | 581 | 0.17895005584736817 | 0.024867988901157944 | 0.08928181724324157 | 0.0049318355555933069 | 0.009347334 |
| 17 | 821 | 0.1779385341916613 | 0.025518189297108484 | 0.087565924773093 | 0.004739199791319712 | 0.008991752 |
| 18 | 1161 | 0.17786109595810873 | 0.02587492489915021 | 0.0816185414911941 | 0.004291477126426934 | 0.008154209 |
| 19 | 1528 | 0.17831910973222287 | 0.02641407013353599 | 0.07684218296903908 | 0.003927369449571187 | 0.007472807 |
| 20 | 1937 | 0.1781201956745564 | 0.027152978327748947 | 0.07322225570975406 | 0.003735763927570657 | 0.007108838 |

　　概率化与非概率化方法挖掘序列规则的信息基本性能指标对比如图 6.14～图 6.16 所示。从中可以看出：对于 $K$=10～20 的序列规则数，概率化方法的数量均小于非概率化的数量。而且，概率化方法的数量基本不受 $K$ 值变化的影响，非概率化方法的数量则随着 $K$ 值的增加而快速增多（图 6.14）。

　　对于 $K$=10～20 的序列规则的支持度均值，除了 $K$=20 的序列规则外，概率化方法的结果均大于非概率化的结果。同时，概率化方法的结果也基本不受 $K$ 值变化的影响，非概率化方法的结果随着 $K$ 值的增加呈缓慢上升趋势（图 6.15）。

　　对于 $K$=10～20 的序列规则的置信度均值，除了 $K$=19、20 的序列规则外，概率化方法的结果均小于非概率化的结果。同时，概率化方法的结果也受 $K$ 值变化的影响较小，非概率化方法的结果随着 $K$ 值的增加呈明显下降趋势（图 6.16）。

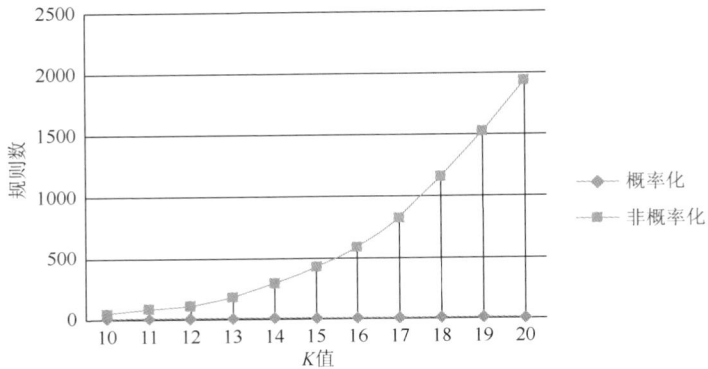

图 6.14　概率化与非概率化方法挖掘序列规则的数量均值对比（相同批次不同 K 值）

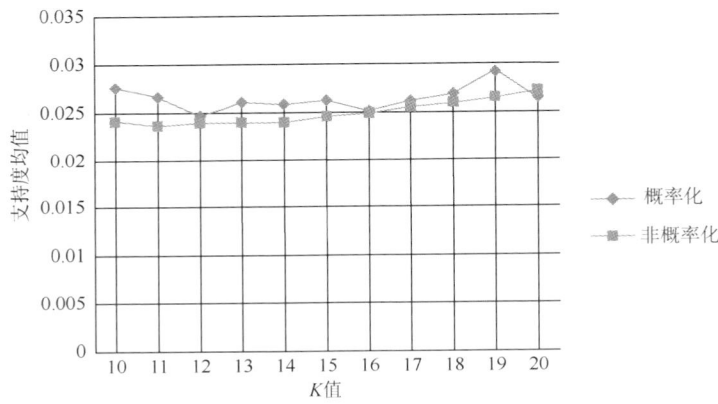

图 6.15　概率化与非概率化方法挖掘序列规则的支持度均值对比（相同批次不同 K 值）

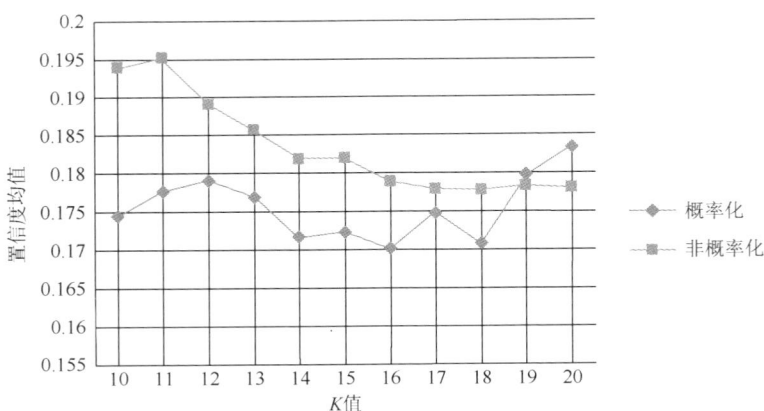

图 6.16　概率化与非概率化方法挖掘序列规则的置信度均值对比（相同批次不同 K 值）

3 个基本性能指标对比表明，对于相同 $K$ 值情况，概率化方法挖掘的序列规则相对于非概率化方法也具有数量少、支持度均值高、置信度均值低的特点，其形成原因与同 $K$ 值不同批次数据的规律的成因类似。但是，对于基本性能指标随 $K$ 值的变化规律，可以看出，相对于非概率化方法随着 $K$ 值增加具有缓慢（或急剧）增加（或减少）的趋势，概率化方法的结果基本不受 $K$ 值变化的影响。

分析形成这种规律对比结果的原因，还是由于非概率化方法对于支持度的不正确定义——没有采用概率化的支持度计算方法。随着 $K$ 值的增加，为满足 $K$ 值要求，匿名算法需要搜索更多邻近的网格以包含更多的用户、生成匿名集数据。这样，采用非概率化的挖掘方法就会随着 $K$ 值的增加产生更多虚假序列规则，造成其产生的规则数量的急剧增加（图 6.14）。随着 $K$ 值增加的虚假规则数量增多，使得规则的支持度均值缓慢增加（图 6.15）。但是，$K$ 值的增加使得匿名区域更加泛化，以及使得更多的网格加入到匿名集序列规则中，从而使得序列规则的置信度均值急剧下降（图 6.16）。

概率化与非概率化方法挖掘序列规则的预测指标对比如图 6.17～图 6.19 所示。可以看出，两种方法挖掘的序列规则，在用于对测试数据进行预测时，在相同 $K$ 值处概率化方法也均具有较高的准确率均值（图 6.17）、召回率均值（图 6.18）和 $F$ 值均值（图 6.19）。其形成原因与同 $K$ 值不同批次数据的规律的成因类似。

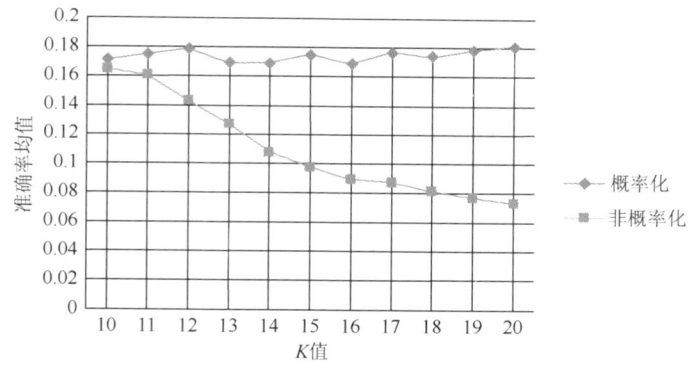

图 6.17 概率化与非概率化方法挖掘序列规则的准确率均值对比（相同批次不同 $K$ 值）

对于预测指标随 $K$ 值的变化规律，可以看出：非概率化方法随着 $K$ 值增加，挖掘序列规则的召回率均值、准确率均值以及 $F$ 值均值都具有急剧减少的趋势，而概率化方法的结果则受 $K$ 值变化的影响很小。分析其原因：随着 $K$ 值的增加，匿名区域更加泛化，匿名集序列在边界处通常会产生更多的交集并生成序列规则。但是，从匿名集数据的生成算法中可以看出，真正提出匿名查询的用户所在的网格通常位于匿名序列的中间部分。因此，当用网格序列数据测试在匿名集序列边界处产生虚假规则时，必然会产生较低的预测精度（准确度、召回率、$F$ 值），而

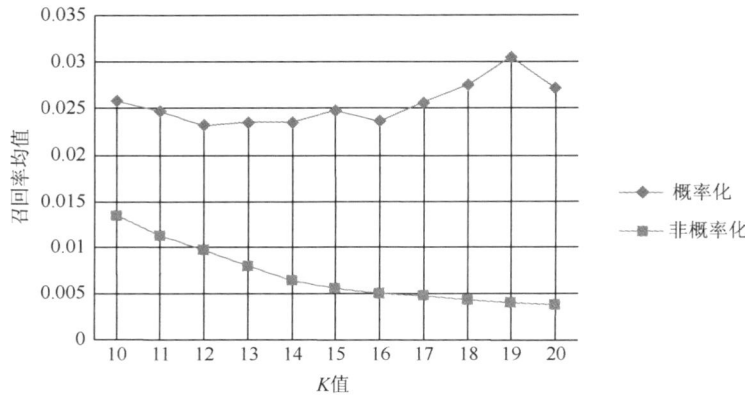

图 6.18　概率化与非概率化方法挖掘序列规则的召回率均值对比（相同批次不同 $K$ 值）

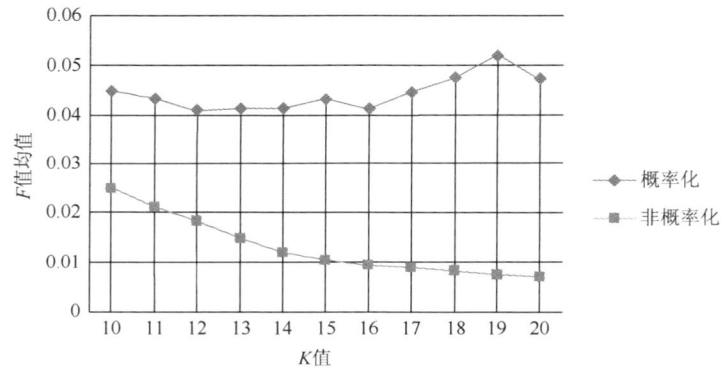

图 6.19　概率化与非概率化方法挖掘序列规则的 $F$ 值均值对比（相同批次不同 $K$ 值）

且 $K$ 值越大预测性能越低。而概率化的方法由于采用的概率化的支持度，可以大大减少虚假规则的产生，从而保证了基于序列规则预测性能的稳定性。而这些性能对于保证概率化挖掘结果的可用性非常重要，因为不同用户在使用时空 K-匿名方法时，通常会依据其对隐私安全的不同要求，设定不同 $K$ 值。

## 6.3　多步预测实验及结果分析

本实验分析基于匿名序列规则的均一化转移概率矩阵进行粗略多步预测和精确多步预测的准确率，随着预测路径长度以及匿名集生成参数（$K$ 值）变化的规律。

首先，我们针对某一特定批次匿名集序列规则（从设定匿名集参数（$K$=10）的某一批次的匿名集序列数据中挖掘得到），分析随着预测路径长度的变化粗略多步预测和精确多步预测准确率的变化规律。然后，为测试预测准确率相对于预测路径长度变化规律的稳定性，我们进一步分析相同 $K$ 值不同批次的序列规则的预测准确率。

最后，为发现预测准确率相对于匿名集生成参数（$K$ 值）的变化规律，我们对同一过程不同 $K$ 值序列规则的预测准确率进行分析。具体实验结果以及分析如下所示。

## 6.3.1 相同批次相同 $K$ 值的预测准确率

图 6.20 是到达目标网格的编号分别为 7*11、7*12 和 8*11 的粗略多步预测的准确率均值，图 6.21 是到达目标网格的编号也分别为 7*11、7*12 和 8*11 的精确多步预测的准确率均值。

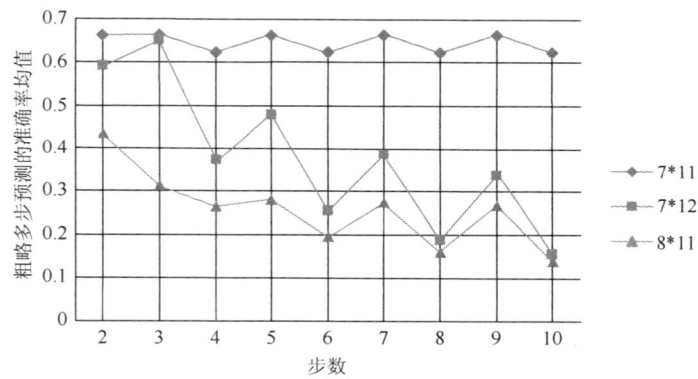

图 6.20　粗略多步预测的准确率均值（相同批次相同 $K$ 值）

从图 6.20 可以发现到达目标网格 7*11、7*12 和 8*11 的粗略路径预测的准确度均值，随着预测路径长度的增加都呈现出一定的振荡变化的规律：预测的准确率出现步长为 2 的高低交错变化的振荡周期。但是，不同于到达目标网格为 7*12 和 8*11 的预测准确率均值呈现的振荡降低的趋势，达到目标网格为 7*11 的预测准确率均值在振荡周期内保持不变。

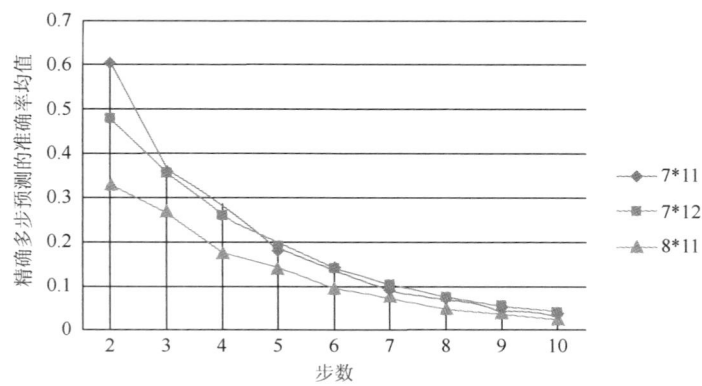

图 6.21　精确多步预测的准确率均值（相同批次相同 $K$ 值）

不同于图 6.20 中发现的规律，从图 6.21 中可以看出：随着预测路径长度的增加，到达三个目标网格的精确预测的准确度均值均呈现出快速下降的规律。

最后，我们对相同路径长度时粗略预测准确率与精确预测准确率进行对比分析，结果如图 6.22 所示。从图中可以看出：除 9 步到达目标网格 8*11 的粗略预测准确率低于其对应的精确预测准确率外，其他多步路径预测的粗略预测准确率都高于对应的精确预测准确率。对于到达目标网格 7*11 时，呈现出随着预测路径长度的增加，准确率的差值振荡增加。而对于到达目标网格 7*12 时，随着预测路径长度的增加准确率的差值振荡不变。

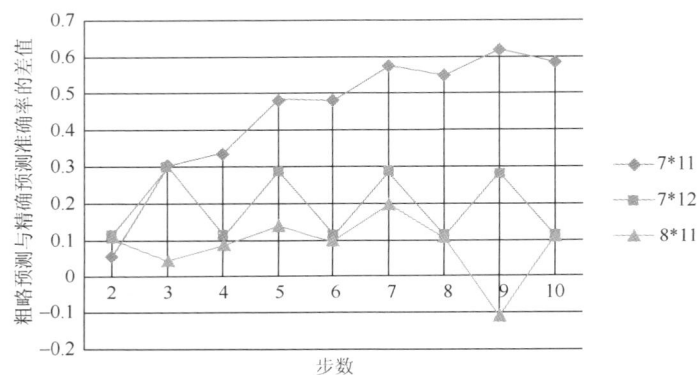

图 6.22　粗略预测与精确预测准确率的差值（相同批次相同 $K$ 值）

### 6.3.2　相同 $K$ 值不同批次的预测准确率

图 6.23 和图 6.24 是基于相同 $K$ 值不同批次序列规则，分别进行粗略多步预测和精确多步预测的准确率均值。

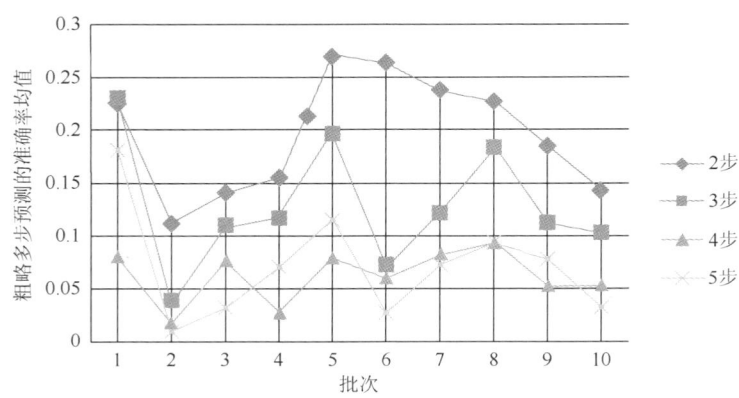

图 6.23　相同 $K$ 值不同批次的粗略多步预测的准确率均值

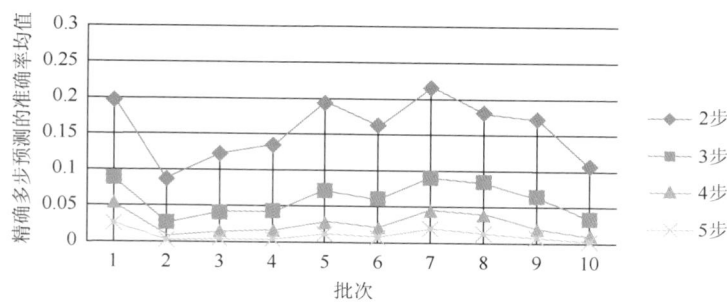

图 6.24    相同 $K$ 值不同批次的精确多步预测的准确率均值

从图 6.23 和图 6.24 中可以看出：对于基于相同 $K$ 值不同批次序列规则的多步预测，粗略多步预测的准确率与精确多步预测的准确率，都总体呈现随着预测路径的增加预测准确率降低的趋势。这表明预测准确率相对于预测路径长度的变化规律具有一定的稳定性。

但是，相对于粗略预测，精确预测的准确率变化规律更为明显。例如，在图 6.23 中粗略 5 步预测的准确率在某些批次（批次 1、4、5、9）出现了高于粗略 4 步预测准确率的情况，而对于精确预测的准确率则无任何例外。

接下来，我们对各个批次情况下粗略预测准确率与精确预测准确率进行对比分析，结果如图 6.25 所示。可以看出，对于各个批次数据都具有粗略预测准确率高于精确预测准确率的特征，这进一步验证了图 6.22 中差值比较的稳定性。但是，对于同批次情况下，粗略预测准确率与精确预测准确率的差值大小，并没有呈现明显的变化规律。

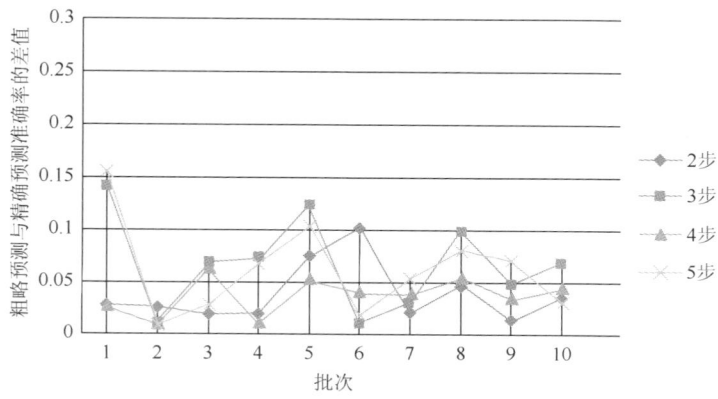

图 6.25    相同 $K$ 值不同批次的粗略预测与精确预测准确率的差值

### 6.3.3　同一过程不同 *K* 值的预测准确率

图 6.26 和图 6.27 是基于同一过程不同 *K* 值的序列规则，分别进行粗略多步预测和精确多步预测的准确率均值。

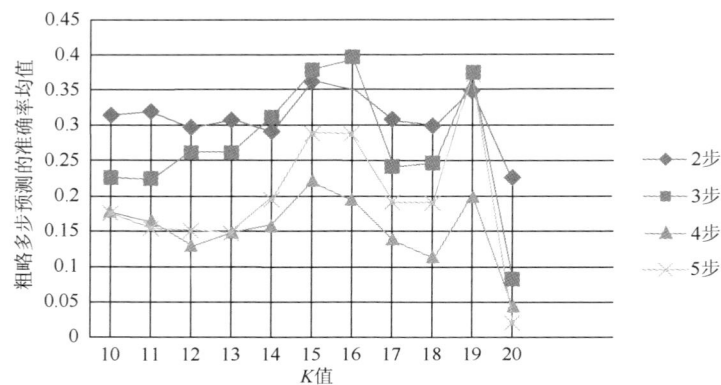

图 6.26　同一过程不同 *K* 值的粗略多步预测的准确率均值

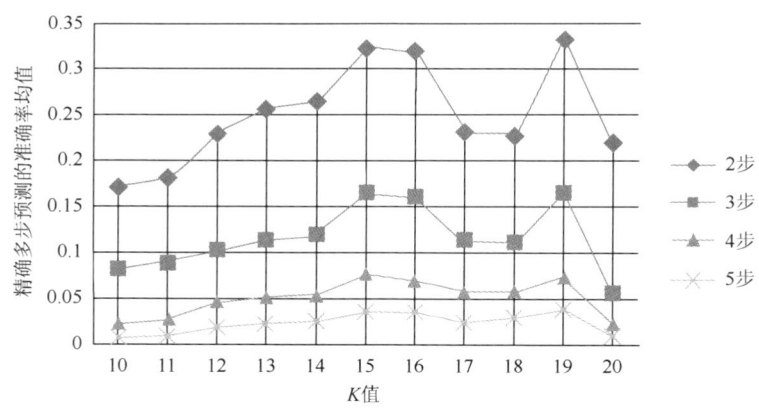

图 6.27　同一过程不同 *K* 值的精确多步预测的准确率均值

从图 6.26 和图 6.27 中可以看出：粗略多步预测的准确率与精确多步预测的准确率，都整体呈现了随着 *K* 值增加先缓慢增加，在 *K*=15、16 得到稳定峰值，而后急剧变化（先快速下降，再急剧上升，最后快速下降到谷低）。这表明对于特定批次的连续查询过程设定一个适合 *K* 值条件，对于获取较好的预测准确率十分重要。

此外，我们也发现：对于同一过程不同 *K* 值的情况，粗略多步预测的准确率随着预测路径长度变化的规律并不明显，而精确多步预测的准确率则明显呈现出了随着预测路径长度的增加而降低的变化规律。

　　最后，我们对不同 $K$ 值情况下粗略预测准确率与精确预测准确率的差值进行对比分析，结果如图 6.28 所示。可以看出：预测步长为 3~5 的差值，随着 $K$ 值的增加，变化规律具有一致性，而且随着步长的增加，其变化趋势更趋一致。

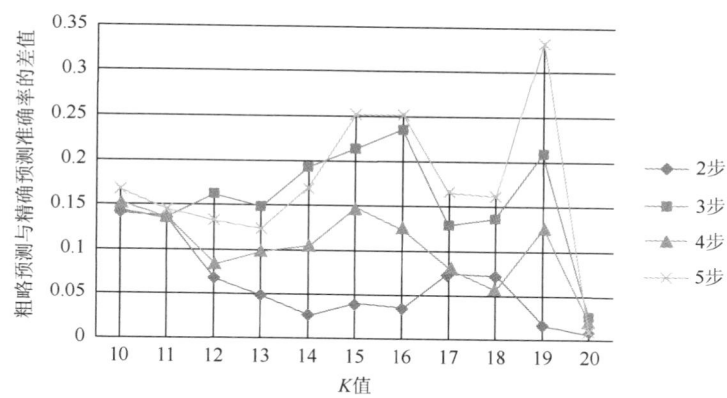

图 6.28　同一过程不同 $K$ 值的粗略预测与精确预测准确率的差值

## 6.4　动态感知匿名实验及结果分析

　　本实验对比分析基于感知和非感知敏感匿名集序列规则的方法后续增量生成的匿名集数据，对应用服务器上从首次获取的匿名集序列数据中挖掘序列规则的不同影响。度量序列规则变化情况包括两个指标：隐藏的敏感序列规则、新增的敏感序列规则。隐藏敏感序列规则是我们设计算法的目标，而新增的敏感序列规则则是算法引起的副作用。

　　同样，为检验算法性能的稳定性并获取算法相对于匿名参数 $K$ 值变化的规律，我们也采用两类实验数据：相同 $K$ 值不同批次的匿名序列数据及规则，同一过程不同 $K$ 值的匿名序列数据及规则。

### 6.4.1　相同 $K$ 值不同批次的增量匿名

　　本实验所使用的数据包括三类：初始匿名以及序列规则数据、非感知匿名方法增量生成以及序列规则数据、感知匿名方法增量生成数据以及序列规则数据。

　　（1）初始匿名以及序列规则数据包括：①匿名参数 $K$=10 的 8 个批次的匿名集序列数据；②对应匿名集序列数据的 8 个批次的网格序列数据；③从匿名集序列数据中挖掘得到的 8 个批次的匿名集序列规则。

（2）非感知匿名方法增量生成以及序列规则数据包括：①以匿名参数 $K=10$ 的 8 个批次的匿名集序列数据中的某一批次数据为基准，增量合成的 56 个批次（8*7，8 个批次数据，每个批次增量合成 7 个批次数据）的匿名集序列数据；②从 56 个批次的增量数据中挖掘得到 56 个批次的匿名集序列规则（挖掘序列规则的支持度阈值、置信度阈值参数与从初始匿名集序列数据挖掘规则的参数相同）。

（3）感知匿名方法增量生成数据以及序列规则数据包括：①为匿名参数 $K=10$ 的 8 个批次中的某一批次（例如第 1 批次）序列规则中的敏感序列规则，基于其他 7 个批次（例如第 2～8 批次）的网格序列数据新生成 7 个批次的匿名集序列数据（例如新的第 2～8 批次），并进一步以原始批次（例如第 1 批次）为基准增量合成 7 个批次的增量匿名集序列数据（例如，第 1 批次+新的第 2 批次，第 1 批次+新的第 2～3 批次，第 1 批次+新的第 2～4 批次…），共增量合成 56 个批次的匿名集序列数据；②从该 56 个批次的增量数据中也挖掘得到 56 个批次的匿名集序列规则（挖掘参数与（2）相同）。

本实验将感知与非感知匿名方法得到的 56 个批次的匿名集序列规则，分别与原始的 8 个批次的匿名集序列规则进行对比分析。

首先，我们对比分析针对同一批次的序列规则数据，分别采用感知与非感知方法进行增量处理后序列规则变化情况。由于对于同一批次，采用感知与非感知方法进行增量匿名处理时，原始序列规则及对应敏感规则的数量相同。因此，在该实验中我们以数量差值的形式分析对比两种方法处理结果引起的隐藏的敏感序列规则、新增的敏感序列规则的不同，实验结果分别如图 6.29 和图 6.30 所示。

从图 6.29 可以看出，对于 8 个批次的匿名集序列规则，在其增量匿名处理的过程中，都有感知方法隐藏的敏感规则数量高于非感知方法，而对于新增的敏感规则数量这一指标，则是感知方法都小于非感知方法。

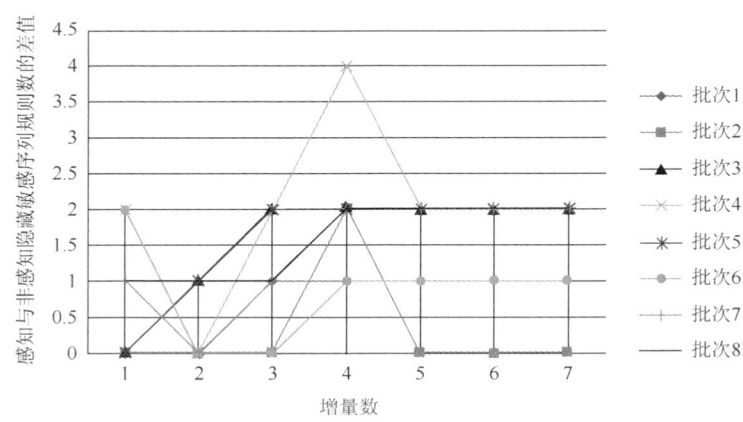

图 6.29　感知与非感知隐藏敏感序列规则数的差值（相同 $K$ 值不同批次）

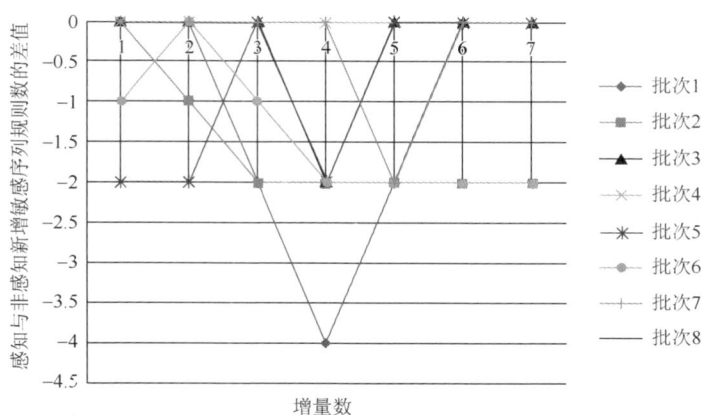

图 6.30　感知与非感知新增的敏感序列规则数的差值（相同 $K$ 值不同批次）

　　接下来，我们针对不同批次匿名集序列规则情况下，采用感知与非感知方法进行增量匿名处理时敏感序列规则变化的情况。由于不同批次的匿名集序列规则以及对应敏感序列规则数量不同，我们分别以隐藏、新增敏感序列规则数量相对于与原始的敏感序列规则数量的比例为指标进行对比分析。图 6.31 和图 6.32 分别是采用感知与非感知方法隐藏敏感序列规则和新增敏感序列规则比例的差值。可以看出：①对于不同批次的匿名集序列规则，采用感知匿名方法隐藏敏感序列规则比例，除个别批次的增量数据情况外（批次 1、2、3、5 的增量数据为 1 时，批次 6 的增量数据为 2、3 时，批次 7 的增量数据为 2 时），均高于非感知匿名方法隐藏的结果；②对于不同批次的匿名集序列规则，采用感知匿名方法新增敏感序列规则比例，除第 6 批次的增量数据为 1 的情况外，均不大于非感知匿名方法的新增的结果。

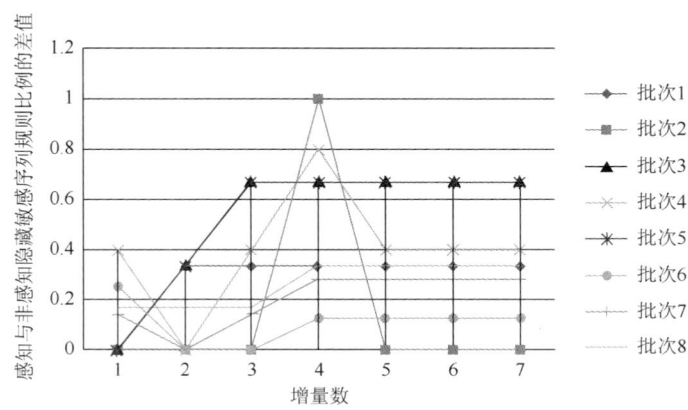

图 6.31　感知与非感知隐藏敏感序列规则比例的差值（相同 $K$ 值不同批次）

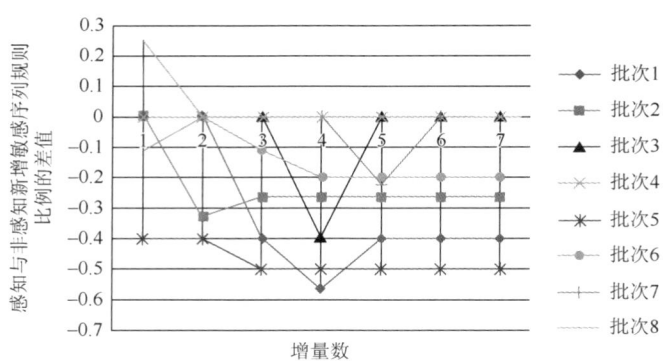

图 6.32　感知与非感知新增敏感序列规则比例的差值（相同 $K$ 值不同批次）

因此，实验证明：感知敏感序列规则的匿名方法在"隐藏的敏感序列规则"这一安全性指标和"新增非敏感规则"这一副作用指标上具有稳定的良好性能。

最后，我们以隐藏、新增敏感序列规则的具体比例值，分析感知与非感知方法处理结果针对不同批次的匿名集序列规则、相对于匿名数据增量的变化规律。

图 6.33 和图 6.34 分别是采用感知与非感知方法隐藏敏感序列规则的比例。可以看出：①对于不同批次的匿名集序列规则，采用感知匿名方法隐藏敏感序列规则比例的变化幅度较小，且维持在较高的数据范围。例如，感知匿名方法的范围为[0.5～1]，而非感知匿名方法的范围为[0～1]；②对于不同批次的匿名集序列规则，随着后续匿名集数据量的增加，感知匿名方法隐藏敏感序列规则比例可以快速趋于稳定。例如，感知匿名方法在数据增量为 4 时趋于稳定，而非感知匿名趋于稳定的数据增量为 5。

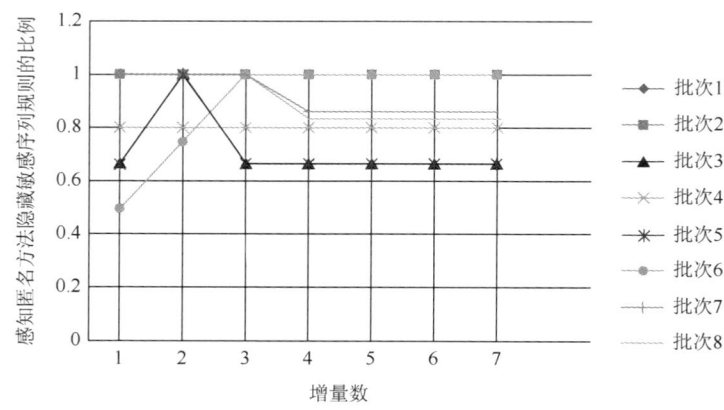

图 6.33　感知匿名方法隐藏敏感序列规则的比例（相同 $K$ 值不同批次）

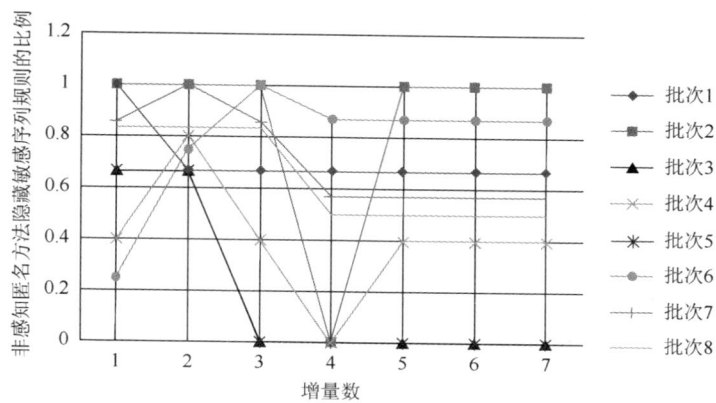

图 6.34    非感知匿名方法隐藏敏感序列规则的比例（相同 $K$ 值不同批次）

图 6.35 和图 6.36 分别是采用感知与非感知方法新增敏感序列规则的比例。可以看出：针对不同批次的匿名集序列规则，采用感知匿名方法新增敏感序列规则比例远低于非感知方法。对于采用感知匿名方法，除第 2 批次的匿名集序列规则，在数量增量为大于等于 3 以后恒定在 0.3333 的比例外，其他批次数据新产生敏感序列规则的比例均为 0。而对于采用非感知匿名方法，针对不同批次的匿名集序列规则，新增敏感匿名集序列规则比例具有很大的波动范围[0～0.6]，且对于许多批次（例如批次 1、2、5、6）的数据，随着数据增量的增加仍然均维持一定的较高比例（例如批次 1、2、5、6 的恒定比例分别为 0.4、0.5、0.6、0.2）。这表明感知匿名方法在新增敏感序列规则方面具有稳定的低指标值的优点。

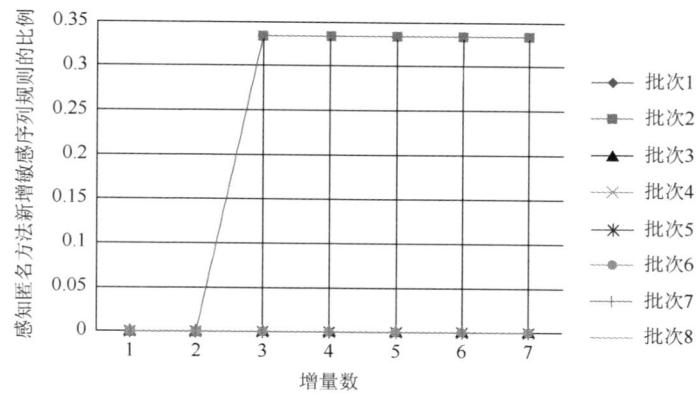

图 6.35    感知匿名方法新增敏感序列规则的比例（相同 $K$ 值不同批次）

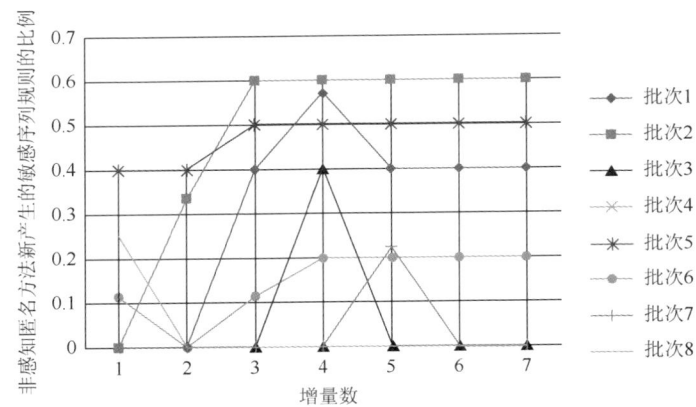

图 6.36　非感知匿名方法新增敏感序列规则的比例（相同 $K$ 值不同批次）

## 6.4.2　同一过程不同 $K$ 值的增量匿名

本实验所使用的 3 个类别的数据信息如下所示。

（1）初始匿名以及分析数据包括：①同一过程的匿名参数分别为 $K=10 \sim 20$ 的匿名集序列数据，每个 $K$ 值都有 10 个批次的匿名集序列数据，共计 110 批次的匿名集序列数据；②10 个批次的匿名集序列数据所有对应的 10 个批次网格序列数据，为 11 个不同 $K$ 值所共享，共计有 10 个批次的次网格序列数据；③从每个 $K$ 值对应的 10 批次数据挖掘得到 10 个批次的匿名集序列规则，共计有 110 个批次的序列规则。

（2）非感知匿名方法增量生成以及分析数据包括：①分别以匿名参数 $K=10 \sim$ 20 的第一个批次的匿名集序列数据为基准，增量合成的 99 个批次（11 个 $K$ 值，每个 $K$ 值增量合成 9 个批次数据）的匿名集序列数据；②从 99 个批次的增量数据中挖掘得到 99 个批次的匿名集序列规则（挖掘序列规则的支持度阈值、置信度阈值参数与从初始匿名集序列数据挖掘规则的参数相同）。

（3）感知匿名方法增量生成数据以及分析数据包括：①分别感知 $K=10 \sim 20$ 的第一个批次序列规则中的敏感序列规则，基于其他 9 个批次（例如第 2～10 批次）的网格序列数据新生成 9 个批次的匿名集序列数据（例如新的第 2～10 批次），并进一步以原始批次（例如第 1 批次）为基准增量合成 9 个批次的增量匿名集序列数据（例如，第 1 批次+新的第 2 批次，第 1 批次+新的第 2～3 批次，第 1 批次+新的第 2～4 批次…），共增量合成 99 个批次的匿名集序列数据；②从该 99 个批次的增量数据中也挖掘得到 99 个批次的匿名集序列规则（挖掘参数与（2）相同）。

本实验将感知与非感知匿名方法得到的 99 个批次的匿名集序列规则，分别与原始的 11 个批次的匿名集序列规则进行对比分析。

　　本实验对比分析采用感知与非感知方法进行增量处理后结果相对于 $K$ 值的变化规律，包括隐藏敏感序列的数量与比例、新增敏感序列规则的数量与比例共 4 个指标。

　　首先，我们分析采用感知匿名方法进行增量处理后，隐藏敏感匿名序列规则随着 $K$ 值变化的规律。图 6.37 和图 6.38 分别给出了隐藏敏感匿名序列规则的数量和比例（也即是，隐藏敏感匿名序列规则数量与该批次挖掘并分析得到敏感匿名序列规则数量的比值）。

　　从图 6.37 可以看出：随着 $K$ 值的增加，对于各个增量处理后的隐藏敏感序列规则数量都呈逐渐加少的趋势。从图 6.38 可以看出：随着 $K$ 值的增加，除增量为 1 的匿名处理结果外，其他的增量处理后隐藏敏感规则比例都趋近于 1，也即随着 $K$ 值的增加，基于这些增量的处理均可以实现敏感序列规则的全部隐藏。

　　此外，我们还发现：对于每个相同 $K$ 值的情况，都有高增量的隐藏规则的数量、比例都大于低增量结果的整体趋势。

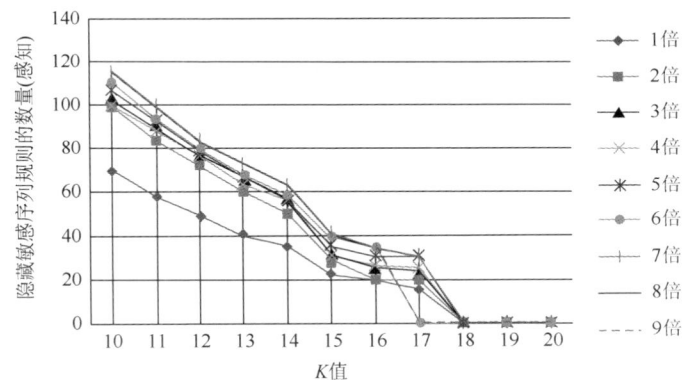

图 6.37　感知匿名方法隐藏敏感序列规则的数量（相同过程不同 $K$ 值）

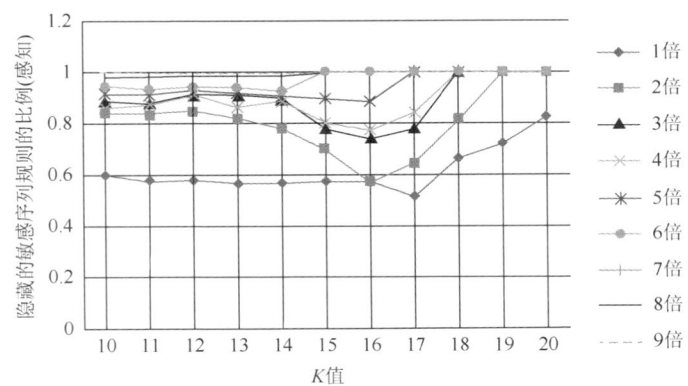

图 6.38　感知匿名方法隐藏敏感序列规则的比例（相同过程不同 $K$ 值）

　　其次，我们分析采用感知匿名方法进行增量处理后，新增敏感序列规则随着 $K$ 值变化的规律。图 6.39 和图 6.40 分别给出了新增敏感序列规则的数量与比例。

　　从图 6.39 可以看出：随着 $K$ 值的增加，对于各个增量处理后的新增敏感规则数量都呈逐渐减少的趋势。从图 6.40 可以看出：随着 $K$ 值的增加（在 $K=19$ 时），所有增量处理后的新增敏感规则比例都趋近于 0，也即是随着 $K$ 值的增加，基于这些增量的处理均不再产生新的敏感序列规则。

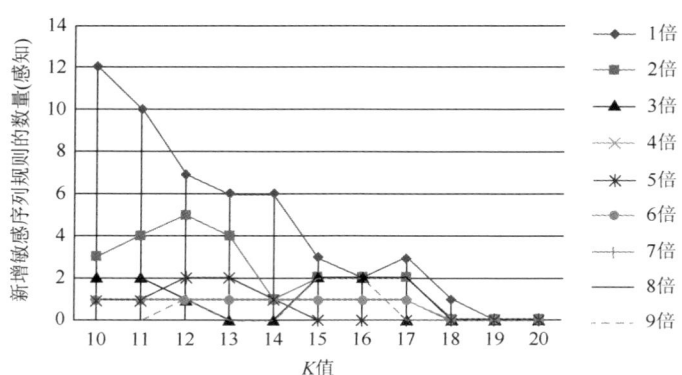

图 6.39　感知匿名方法新增敏感序列规则的数量（相同过程不同 $K$ 值）

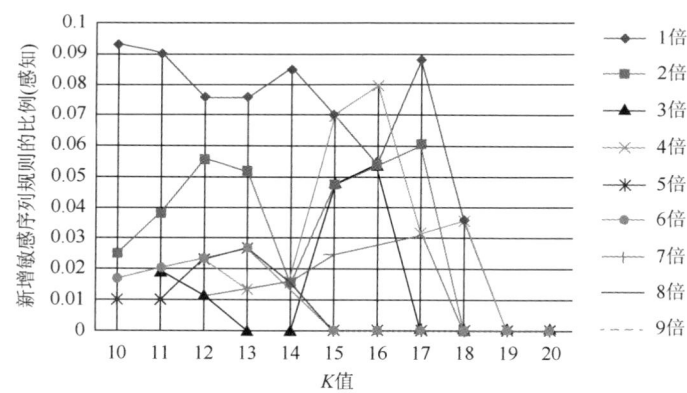

图 6.40　感知匿名方法新增敏感序列规则的比例（相同过程不同 $K$ 值）

　　再次，我们对比分析采用感知与非感知匿名方法进行增量处理后，敏感序列规则随着 $K$ 值变化的规律。图 6.41、图 6.42、图 6.43、图 6.44 分别是采用非感知匿名方法处理后，隐藏敏感序列规则的数量、比例，以及新增敏感序列规则的数量、比例。

　　对比发现：非感知匿名方法进行增量处理后的结果，针对各个指标值随 $K$ 值变化的规律基本上与感知匿名方法的规律保持一致。但是，在规律凸显的程度上非感知匿名方法不及感知匿名方法。例如，图 6.42 可以看出：非感知匿名方法隐藏敏感序列规则的比例，虽然也具有随着 $K$ 值增加而逐步趋近于 1 的趋势，但其在 $K=20$ 处未实现全部敏感规则的增量数明显大于感知匿名的结果（非感知匿名方法包括增量：1、2、4、5，而感知匿名方法只有增量 1）。

对比图 6.39 和图 6.43，可以看出：非感知匿名方法新增敏感规则的数量，随着 $K$ 值的增加也趋于减少，但是在 $K=20$ 时增量为 1、2、4、5 的处理结果，仍有新的敏感序列规则出现。而感知匿名方法在 $K=19$ 时所有的增量的处理结果都是新增敏感序列规则的数量为 0。

对比图 6.40 和图 6.44，可以看出：非感知匿名方法新增敏感序列规则的比例，随着 $K$ 值的增加趋于 0 值的阈值并没有出现，也即在 $K=20$ 时增量为 1、2、4、5 的处理结果仍不为 0，这也有别于感知匿名方法在 $K=19$ 时全部为 0 的情况。

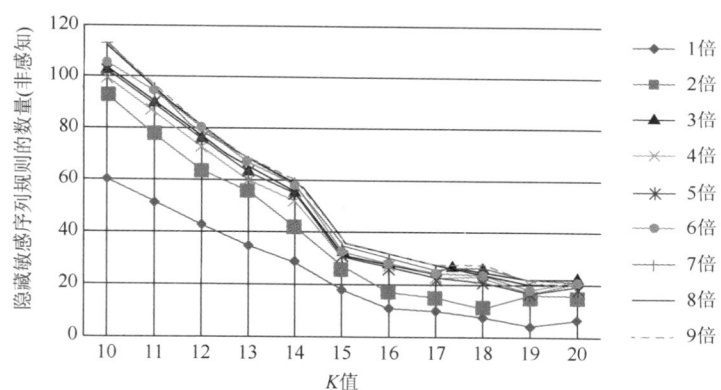

图 6.41　非感知匿名方法隐藏敏感序列规则的数量（相同过程不同 $K$ 值）

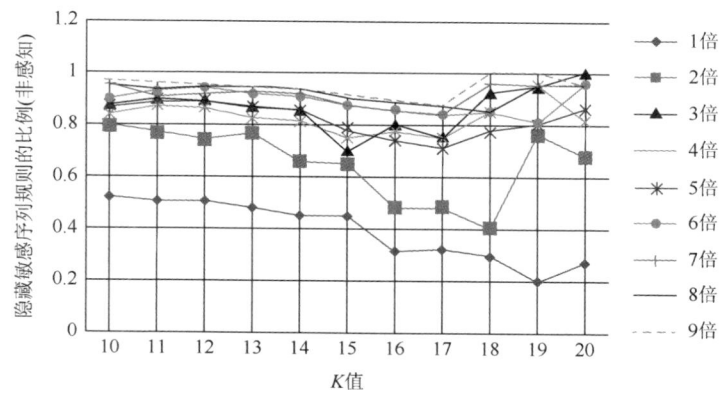

图 6.42　非感知匿名方法隐藏敏感序列规则的比例（相同过程不同 $K$ 值）

综上所述：基于感知匿名方法进行敏感序列规则的处理，相对于非感知匿名方法具有随着 $K$ 值变化的特征明显的规律。这对于有效选择对应特定 $K$ 值的数据增量数，快速而有效地消除敏感序列规则具有十分重要的意义。

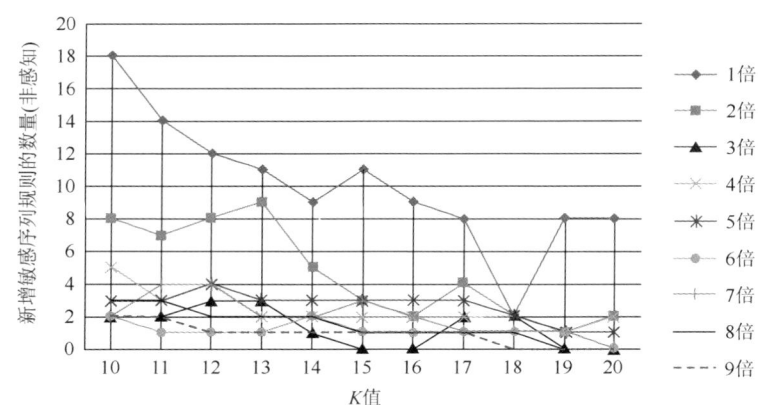

图 6.43　非感知匿名方法新增敏感序列规则的数量（相同过程不同 $K$ 值）

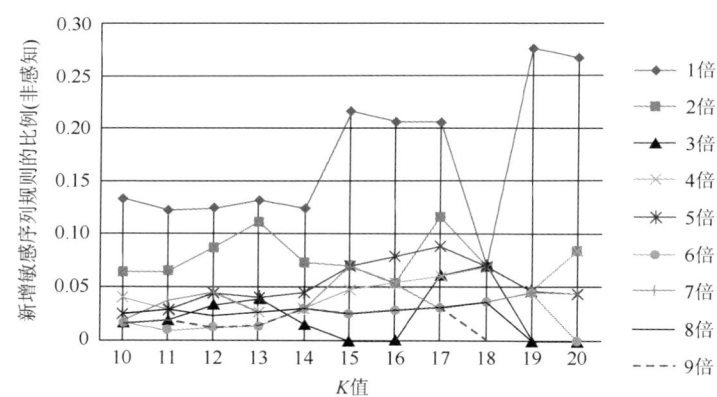

图 6.44　非感知匿名方法新增敏感序列规则的比例（相同过程不同 $K$ 值）

最后，我们对各个特定 $K$ 值在特定增量数情况下，采用感知与非感知匿名方法进行增量处理后，隐藏敏感序列的数量差值与比例差值、新增敏感序列规则的数量差值与比例差值进行分析，对应结果分别如图 6.45、图 6.46、图 6.47、图 6.48所示。综合对比分析发现：4 类差值并没有出现特别明显的随着 $K$ 值变化的规律。但是，对于各个特定 $K$ 值在特定增量数情况都整体具有：感知方法隐藏敏感序列规则的效果高于非感知方法，而对于新增敏感序列规则又是感知方法低于非感知方法。这进一步验证了我们设计的感知匿名方法性能的稳定性和尺度性。

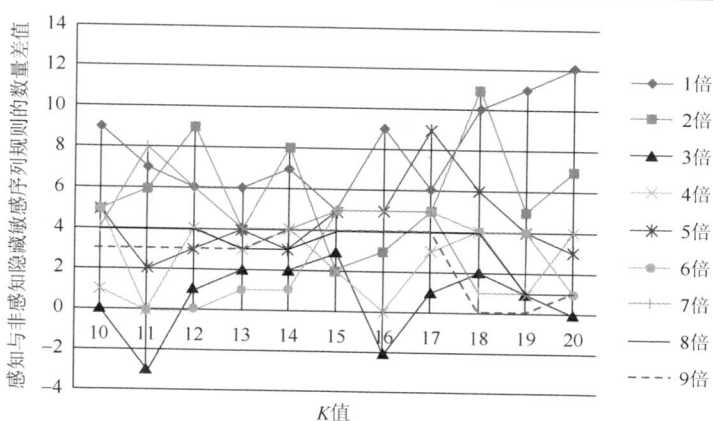

图 6.45 感知与非感知隐藏敏感序列规则的数量差值（相同过程不同 $K$ 值）（详见书后彩图）

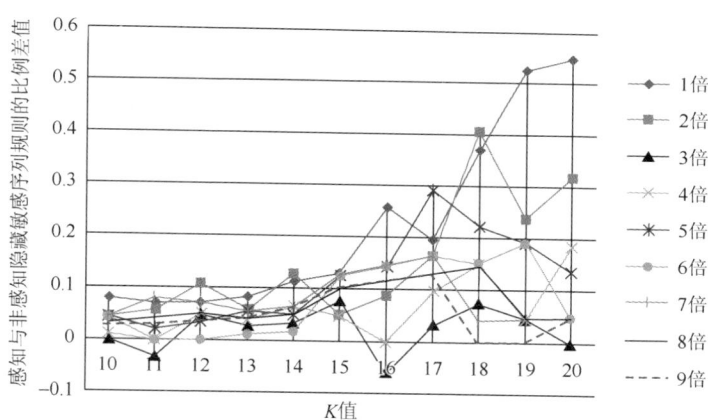

图 6.46 感知与非感知隐藏敏感序列规则的比例差值（相同过程不同 $K$ 值）（详见书后彩图）

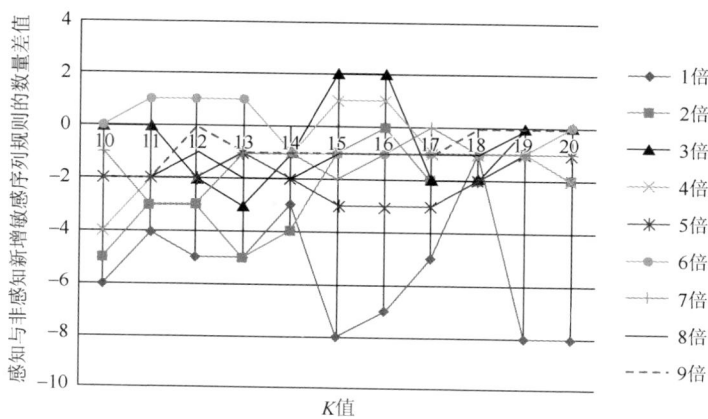

图 6.47 感知与非感知新增敏感序列规则的数量差值（相同过程不同 $K$ 值）（详见书后彩图）

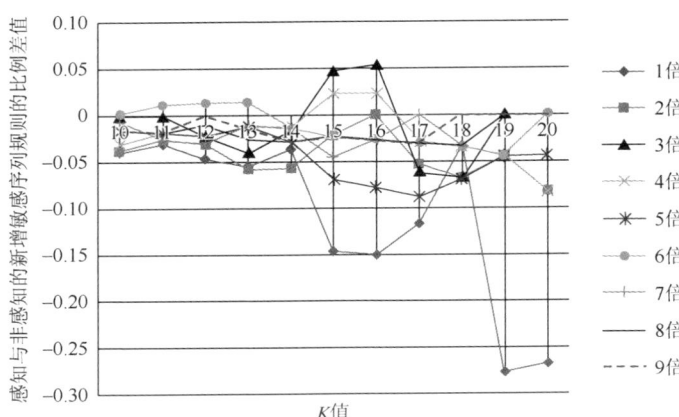

图 6.48　感知与非感知的新增敏感序列规则的比例差值（相同过程不同 $K$ 值）（详见书后彩图）

# 7  结论与展望

## 7.1  结    论

时空 K-匿名以及其变体方法是目前针对 LBS 隐私保护的主流方法。从大时空尺度的匿名集数据中挖掘反映 LBS 匿名查询的时空变化规律，可以为城市交通疏导、基于位置的智能内容推送等应用提供辅助决策功能。

传统的针对移动对象数据的数据挖掘方法不能处理匿名集数据（其表现为泛化、随机特征的不确定性），而传统的不确定数据的挖掘算法又没有考虑匿名集数据的时空特征。本书首先设计了一种同时考虑匿名集数据时空特性与泛化不确定特性的匿名集时空关联规则（序列规则）的挖掘方法，并通过实验分析验证，挖掘出的匿名集规则可以反映出 LBS 匿名查询的时空变化规律，方法具有良好的基本性能，而且基于挖掘出的时空关联规则可实现较高的位置预测性能。

为进一步实现多步位置预测的功能，本书基于序列规则置信度与马尔可夫链的条件概率的统计意义的一致性，以及序列规则置信度不随时间变化的特性与马尔可夫链的齐次性具有统计意义的一致性，提出了一种融合概率统计与数据挖掘的两种典型技术——马尔可夫链与序列规则，对匿名数据集中包含的特定空间区域进行概略 $n$ 步预测和精确 $n$ 步预测的方法。实验结果证明，两种多步位置预测方法都具有良好的预测性能。

由于技术具有两面性，当攻击者获取大时空尺度的匿名集数据时，也可分析得到匿名集知识（序列规则以及 $n$ 步概略路径和 $n$ 步精确路径），并利用预测功能可对用户的位置隐私进行推理攻击。尤其是当匿名集知识涉及的空间区域包含敏感的空间语义信息时，也即是匿名集知识为具有敏感语义时，攻击者可对监测用户进行从其当前位置沿着某一路径到达敏感空间区域的概率进行预测。

基于（敏感）匿名集知识对用户位置隐私的推理攻击，可以突破传统的数据级别的隐私保护方法，可对用户隐私产生更具有威胁性的攻击。针对基于敏感知识推理攻击的防护，通常采用基于数据重构的敏感知识隐藏方法。但是，基于数据重构的敏感知识隐藏方法通常采用非对称的防护策略，不能满足用户对于匿名集知识可用性的要求，而且其只适合针对单次、批量、离线方式的数据共享与发布的应用，不能应用于具有长期、连续、在线特点的 LBS 应用。为此，本书设计了一种基于对等防御策略的动态感知敏感匿名集知识推理攻击的在线匿名方法。

对等防御策略的实现是：采用基于可信任的第三方匿名服务器的分布式架构，匿名服务器先于 LBS 应用服务器，对存储在中间件系统上的大时空范围匿名集数据，执行匿名集知识的挖掘与隐私推理攻击分析，并基于分析结果进行时空 K-匿名方法的优化设计。动态防护模式的实现是：匿名服务器在线处理匿名请求时，动态感知敏感匿名集知识以及推理攻击场景，生成可消除敏感匿名集知识、且保证非敏感匿名集知识可用性的匿名集；成功生成的匿名数据集存储于可信匿名服务器的匿名数据库中，达到设定的更新次数阈值后，可信匿名服务器的数据挖掘功能组件部分，再次离线进行匿名集知识的挖掘和基于敏感匿名集知识的推理攻击场景分析，直至最终隐藏所有的敏感匿名集知识，并不再产生新的敏感匿名集知识。实验结果证明：该方法可以实现敏感匿名集知识的快速、完整的隐藏，且具有较小的副作用（生成新的敏感序列规则）。

## 7.2　展　　望

本书涉及的内容主要来源于作者承担的国家自然科学基金项目和江苏省自然科学基金项目、社会发展项目的研究成果。基金项目的性质重点在理论、方法与机理的探索研究，因此，本书在研究内容的广度上还有待进一步的开展，主要体现在以下两个方面。

（1）实验验证提出的匿名集数据概率化挖掘方法、推理分析方法以及动态保护方法，都采用快照匿名查询和连续匿名查询的最基本方法模拟生成的实验数据。近年来，国外学者提出了一系列的时空 K-匿名方法的优化变体方法，虽然这些方法在信息泛化原理上基本一致，但是变体方法针对各种不同应用场景而设计了各种具有各自独有的特性，这些特性是否会影响到对其形成的匿名集数据的挖掘、推理分析以及隐私保护等系列的处理效果，在处理后这些特性是否还能拥有，这些问题有待于在今后的工作中进行验证。

（2）匿名集知识限定于反映匿名集数据中时空关联的序列规则及对其进行处理后形成概略路径和精确路径，这些匿名集知识虽然能够反映成其包含空间信息的时间序列关系，但是提供的时态信息相对较弱，仅限于先后顺序。而对应于绝对时间的模式和相对时间的模式的匿名集时空关联规则，则可以提供更加精确的时空关联规律。这种规律对于商业智能应用可以产生更强大的预测功能，同时攻击者基于这些规律对用户隐私的推理分析也更加精确，威胁也更大。因此，在今后的工作中需要对这些规律可用性与安全性有效平衡的保护方法进行拓展研究。

另外，由于时间的限制，本书对于在一些研究内容的深度上也有待进一步加强，主要包括以下 3 个方面。

（1）如何合理设置时间间隔、选取有代表性的随机数据，才能有效地模拟生成匿名集数据？

（2）当匿名集知识构成网络时，如何找到网络中的关键节点，进行快速有效的匿名保护？

（3）如何在动态感知敏感匿名知识的算法中，考虑匿名集数据以及匿名集知识的分布情况，动态地设定匿名 $K$ 值？

# 参 考 文 献

[1] 德史密斯. 地理空间分析——原理、技术与软件工具. 2 版. 北京：电子工业出版社，2009.

[2] Espinoza F，Persson P，Sandin A，et al. GeoNotes：social and navigational aspects of location-based information systems. //Abowd G D，Brumitt B，Shafer SUbicomp 2001：Ubiquitous Computing. Heidelberg：Springer-Verlag，2001：2-17.

[3] Ali S，Torabi T，Ali H. Location aware business process deployment. Lecture Notes in Computer Science，2006，3983：217-225.

[4] Baldauf M，Dustdar S，Rosenberg F. A survey on context-aware systems//Proceedings of IJAHUC，2007：263-277.

[5] http：//www.fcc.gov/events/location-based-services-forum.

[6] http：//epic.org/privacy/location_privacy/apple.html.

[7] Beresford A R，Stajano F. Location privacy in pervasive computing. IEEE Pervasive Computing，2003，2（1）：46-55.

[8] Duckham M，Kulik L. Location privacy and location-aware computing//Billen R，Joao E，Forrest D. Dynamic & Mobile Gis：Investigating Change in Space and Time. NW：CRC Press，2006：1-20.

[9] Kulik L. Privacy for real-time location-based services. Sigspatial Special，2009，1（2）：9-14.

[10] Krumm J. A survey of computational location privacy. Personal & Ubiquitous Computing，2009，13（6）：391-399.

[11] 潘晓，肖珍，孟小峰. 位置隐私研究综述. 计算机科学与探索，2007，1（3）：268-280.

[12] 魏琼，卢炎生. 位置隐私保护技术研究进展. 计算机科学，2008，35（9）：21-25.

[13] 张学军，桂小林，伍忠东. 位置服务隐私保护研究综述. 软件学报，2015，（9）：2373-2395.

[14] 王璐，孟小峰. 位置大数据隐私保护研究综述. 软件学报，2014，25（4）：693-712.

[15] Pfitzmann A，Tu D，Hansen M M. Anonymity，unlinkability，undetectability，unobservability，pseudonymity，and identity management-A consolidated proposal for terminology. Anon_Terminology. shtml（2008）（Version 0. 31），2008.

[16] Kido H，Yanagisawa Y，Satoh T. Protection of location privacy using dummies for location-based services//21st International Conference on Data Engineering Workshops. Washington，DC：IEEEComputer Society，2005：1248-1248.

[17] Cho E A，Moon C J，Im H S，et al. An anonymous communication model for privacy-enhanced

location based service using an echo agent//International Conference on Ubiquitous Information Management and Communication, Icuimc 2009, Suwon, Korea, January. New York, NY, : ACM, 2009: 290-297.

[18] Krumm J. Realistic driving trips for location privacy. //7th International Conference on Pervasive Computing, Nara, Japan, Pervasive Computing, InternationalConference, Pervasive 2009, Nara, Japan, May 11-14, 2009. Proceedings. 2009: 25-41.

[19] Kalnis P, Ghinita G, Mouratidis K, et al. Preventing location-based identity inference in anonymous spatial queries. IEEE Transactions on Knowledge & Data Engineering, 2008, 19 (12): 1719-1733.

[20] Ghinita G, Kalnis P, Skiadopoulos S. MobiHide: a mobile peer-to-peer system for anonymous location-based queries. Lecture Notes in Computer Science, 2007, 4605: 221-238.

[21] Khoshgozaran A, Shahabi C. Blind evaluation of nearest neighbor queries using space transformation to preserve location privacy//International symposium on spatial and Temporal Databases. Berlin: Springer, 2007: 239-257.

[22] Yiu M L, Jensen C S, Huang X, et al. Spacetwist: managing the trade-offs among location privacy, query performance, and query accuracy in mobile services. Icde, 2008: 366-375.

[23] 郭娜. 一种基于匿名的位置隐私保护方法的研究. 哈尔滨: 哈尔滨工程大学硕士学位论文, 2012.

[24] Um J H, Kim H D, Chang J W. An advanced cloaking algorithm using hilbert curves for anonymous location based service//SOCIALCOM '10 Proceedings of the 2010 IEEE Second International Conference on Social Computing, August 20-22, 2010. Washington, DC: IEEE Computer Society, 2010: 1093-1098.

[25] Ghinita G, Kalnis P, Khoshgozaran A, et al. Private queries in location based services: anonymizers are not necessary//ACM SIGMOD International Conference on Management of Data. New York, NY: ACM, 2008: 121-132.

[26] Ghinita G, Kalnis P, Khoshgozaran M, et al. A hybrid technique for private location-based queries with database protection//Mamoulis N, Seidl T, Pedersen T B, et al. Proceedings of the 11th International Symposium on Advances in Spatial and Temporal Databases. Berlin: Springer, 2009: 98-116.

[27] Shang N, Ghinita G, Zhou Y, et al. Controlling data disclosure in computational PIR protocols// Proceedings of the 5th ACM Symposium on Information, Computer and Communications Security. New York, NY: ACM, 2010: 310-313.

[28] Papadopoulos S, Bakiras S, Papadias D. Nearest neighbor search with strong location privacy. Pvldb, 2010, 3: 619-629.

[29] Gruteser M, Grunwald D. Anonymous usage of location-based services through spatial and

temporal cloaking//International Conference on Mobile Systems，Applications and Services. New York，NY：ACM，2003：31-42.

[30] Andrienko G，Andrienko N，Giannotti F，et al. Movement data anonymity through generalization// Sigspatial Acm Gis International Workshop on Security & Privacy in Gis & Lbs. Catalonia： IIIA-CSIC，2009：51-60.

[31] Gkoulalas-Divanis A，Kalnis P，Verykios V S. Providing K-anonymity in location based services. Acm Sigkdd Explorations Newsletter，2010，12（1）：3-10.

[32] Gedi K B，Liu L. Location privacy in mobile systems：a personalized anonymization model// InProceedings of ICDCS. Washington，DC：IEEE Computer Society，2005：620-629.

[33] Xu T，Cai Y. Feeling-based location privacy protection for location-based services. ACM Conference on Computer and Communications Security. New York，NY：ACM，2009：348-357.

[34] Mokbel M F，Chow C Y，Aref W G. The new Casper：query processing for location services without compromising privacy//Proceedings of the 32nd international conference on Very large data bases. New York，NY：VLDB Endowment，2006：763-774.

[35] Chow C Y，Mokbel M F，Aref W G. Casper*：Query processing for location services without compromising privacy. ACM Transactions on Database Systems（TODS），2009，34（4）：1-48.

[36] Ku W，Zimmermann R，Peng W，et al. Privacy protected query processing on spatial networks// In Proceedings of ICDE WorKshops. New York，NY：IEEE，2007：215-220.

[37] Chow C Y，Mokbel M F，Liu X. A peer-to-peer spatial cloaking algorithm for anonymous location-based service//Proceedings of the 14th annual ACM international symposium on Advances in geographic information systems. New York，NY：ACM，2006：171-178.

[38] Solanas A，Martínez-Ballesté A. A TTP-free protocol for location privacy in location-based services. Computer Communications，2008，31（6）：1181-1191.

[39] Peng B Z，Chen J，Sun C Y，et al. PROS：a peer-to-peer system for location privacy protection on road networks. GIS，2009，11（6）：552-553.

[40] Xu T，Cai Y. Location cloaking for safety protection of ad hoc networks//IEEE INFOCOM. New York，NY：IEEE，2009：1944-1952.

[41] Zhong G，Hengartner U. a distributed k-anonymity protocol for location privacy//IEEE International Conference on Pervasive Computing & Communications. New York，NY：IEEE ComputerSociety，2009：1-10.

[42] Rebollo-Monedero D，Forné J，Solanas A，et al. Private location-based information retrieval through user collaboration. Computer Communications，2010，33（6）：762-774.

[43] Hashem T，Kulik L，Zhang R. Privacy preserving group nearest neighbor queries//EDBT 2010，International Conference on Extending Database Technology，Lausanne，Switzerland，March 22-26，2010，Proceedings. New York，NY：ACM，2010：489-500.

[44] 施佳琪. 基于物联网的 P2P 模型中的位置隐私保护研究. 南京：南京邮电大学硕士学位论文，2013.

[45] 吴婷婷. 位置隐私保护算法研究. 南京：南京邮电大学硕士学位论文，2013.

[46] Talukder N，Ahamed S I. Preventing multi-query attack in location-based services//ACM Conference on Wireless Network Security，WISEC 2010，Hoboken，New Jersey，Usa，March. New York，NY：ACM，2010：25-36.

[47] Ghinita G，Zhao K，Papadias D，et al. A reciprocal framework for spatial K-anonymity. Information Systems，2010，35（3）：299-314.

[48] Hasan C S，Ahamed S I. An approach for ensuring robust safeguard against location privacy violation//IEEE Computer Software and Applications Conference. Washington，DC：IEEE Computer Society，2010：82-91.

[49] 彭志宇，李善平. 移动环境下 LBS 位置隐私保护. 电子与信息学报，2011，33（5）：1211-1216.

[50] Hu H，Xu J，Lee D L. PAM：an efficient and privacy-aware monitoring framework for continuously moving objects. IEEE Transactions on Knowledge & Data Engineering，2010，22（3）：404-419.

[51] Chen J，Cheng R，Mokbel M，et al. Scalable processing of snapshot and continuous nearest-neighbor queries over one-dimensional uncertain data. Vldb Journal，2009，18（5）：1219-1240.

[52] Pan X，Meng X F，Xu J L. Distortion-based anonymity for continuous queries in location-based mobile services//In Proceedings of GIS'2009. New York，NY：ACM，2009：256-265.

[53] 林欣，李善平，杨朝晖. LBS 中连续查询攻击算法及匿名性度量. 软件学报，2009，20（4）：1058-1068.

[54] Chow C Y，Mokbel M F. Enabling private continuous queries for revealed user locations// Advances in Spatial and Temporal Databases. Berlin：Springer Berlin Heidelberger Platz3，2007：258-275.

[55] Xu T，Cai Y. Location anonymity in continuous location-based services//ACM International Symposium on Geographic Information Systems，Acm-Gis 2007，November 7-9，2007，Seattle，Washington，Usa，Proceedings. New York，NY：ACM，2007：1-8.

[56] 潘晓，郝兴，孟小峰. 基于位置服务中的连续查询隐私保护研究. 计算机研究与发展，2010，47（1）：121-129.

[57] 杨磊，魏磊，叶剑，等. 一种连续 LBS 请求下的位置匿名方法. 计算机工程，2011，37（9）：266-269.

[58] 吴振刚，孙惠平，关志，等. 连续空间查询的位置隐私保护综述. 计算机应用研究，2015，（2）：321-325.

[59] Gkoulalas-Divanis A，Verykios V S，Bozanis P. A network aware privacy model for online

requests in trajectory data. Data & Knowledge Engineering，2009，68（4）：431-452.

[60] Zhang H，Xu L，Huang H，et al. Mining sequential patterns from anonymous datasets for LBS users privacies protection. Journal of Convergence Information Technology，2013，8（2）：77-86.

[61] 张海涛，高莎莎，徐亮. 空时 K-匿名数据的关联规则挖掘研究. 地理与地理信息科学，2012，28（6）：13-16.

[62] Tabbane S. An alternative strategy for location tracking. Selected Areas in Communications IEEE Journal on，1995，13（5）：880-892.

[63] Liu G Y，Maguire G Q. A predictive mobility management scheme for supporting wireless mobile computing. Proc. ieee Int. conf. universal Personal Communication，1997：268-272.

[64] Bhattacharya A，Das S K. Lezi-update：an information-theoretic approach to track mobile users in PCS networks//MobiCom '99 Proceedings of the 5th annual ACM/IEEE international conference on Mobile computing and networking. New York，NY：ACM，1999：1-12.

[65] Wu H K，Jin M H，Horng J T，et al. Personal paging area design based on mobile's moving behaviors//INFOCOM 2001. Twentieth Annual Joint Conference of the IEEE Computer and Communications Societies. Proceedings. IEEE. IEEE，2001，1：21-30.

[66] Yavaş G，Katsaros D，Ulusoy O，et al. A data mining approach for location prediction in mobile environments. Data & Knowledge Engineering，2005，54（2）：121-146.

[67] Hung C C，Peng W C. A regression-based approach for mining user movement patterns from random sample data. Data & Knowledge Engineering，2011，70（1）：1-20.

[68] Morzy M. Prediction of moving object location based on frequent trajectories//Computer and Information Sciences-ISCIS 2006，21th International Symposium，Istanbul，Turkey，November 1-3，2006，Proceedings. Heidelberg：Springer-Verlag，2006：583-592.

[69] Morzy M. Mining frequent trajectories of moving objects for location prediction//International Conference on Machine Learning and Data Mining in Pattern Recognition. Berlin：SpringerBerlinHeidelberger Platz3，2007：667-680.

[70] Pinelli F，Monreale A，Trasarti R，et al. Location prediction within the mobility data analysis environment DAEDALUS. //5th Annual International Conference on Mobile and Ubiquitous Systems：Computing，Networking，and Services，MobiQuitous 2008. Brussels：ICST，2008：1-6.

[71] Monreale A，Pinelli F，Trasarti R，et al. Where next：a location predictor on trajectory patternmining//ACM SIGKDD International Conference on Knowledge Discovery and Data Mining，Paris，France，June 28-July. ASSOC Computing Machinery，1515 Broadway，New York，NY 10036-9998 USA. 2009：637-646.

[72] Jeung H，Liu Q，Shen H T，et al. A hybrid prediction model for moving objects//24th IEEE International Conference on Data Engineering，Cancun，Mexico，APR 07-12. New York，NY：

IEEE，2008：70-79.

[73] Qi X，Zong M. An overview of privacy preserving data mining. Crossroads，2009，15（4）：1341-1347.

[74] Atzori M，Bonchi F，Giannotti F，et al. Privacy-aware knowledge discovery from locationdata//International Conference on Mobile Data Management. Conference and Custom Publishing. Los Alamitos：IEEE Computer Society，2007：283-287.

[75] Abul O，Atzori M，Bonchi F，et al. Hiding sensitive trajectory patterns//IEEE International Conference on Data Mining Workshops. IEEE Conference Publications. Los Alamitos：IEEE Computer Society，2007：693-698.

[76] Abul O，Bonchi F，Giannotti F. Hiding sequential and spatiotemporal patterns. IEEE Transactions on Knowledge & Data Engineering，2010，22（12）：1709-1723.

[77] 郭艳华. 位置服务中轨迹隐私保护方法的研究. 武汉：华中师范大学硕士学位论文，2011.

[78] 霍峥，孟小峰，黄毅. PrivateCheckIn：一种移动社交网络中的轨迹隐私保护方法. 计算机学报，2013，36（4）：716-726.

[79] 刘艺龙. 基于泛化树的 K-匿名数据集的挖掘算法研究. 上海：东华大学硕士学位论文，2013.

[80] 刘玉静，刘国华，李捷元，等. K-匿名隐私保护模型中不确定性数据的查询问题. 计算机与数字工程，2013，41（11）：1779-1783.

[81] Kaplan E，Pedersen T B，Savaş E，et al. Privacy risks in trajectory data publishing：reconstructing private trajectories from continuous properties//Knowledge-Based Intelligent Information & Engineering Systems，International Conference，Kes，Zagreb，Croatia，September. Berlin：Springer-Verlag，2008：642-649.

[82] Bettini C，Mascetti S，Wang X S，et al. Anonymity in location-based services：towards a general framework//International Conference on Mobile Data Management. IEEE，2007：69-76.

[83] Ghinita G. Private queries and trajectory anonymization：a dual perspective on location privacy. Transactions on Data Privacy，2009，2（1）：3-19.

[84] Gidofalvi G，Huang X，Pedersen T B. Probabilistic grid-based approaches for privacy-preserving data mining on moving object trajectories. Privacy-Aware Knowledge Discovery：Novel Applications and New Techniques，2012，183-210.

[85] Barkhuus L，Dey A K. Location-based services for mobile telephony：a study of users'privacy concerns. //Human-Computer Interaction INTERACT '03：Ifip Tc13 International Conference on Human-Computer Interaction，-September 2003，Zurich，Switzerland. 2003：709-712.

[86] 尚璇. 面向发布的序列类数据隐私保护技术研究. 杭州：浙江大学博士学位论文，2012.

[87] Snekkenes E. Concepts for personal location privacy policies. //ACM Conference on Electronic-Commerce. Acm Conference on Electronic Commerce. New York，NY：ACM，2001：48-57.

[88] Schulzrinne H，Tschofenig H，Morris J，et al. Geolocation policy. Technical report，Internet Engineering Task Force（June 2008）http://www.ietf.org/internet-drafts/draft-ietf-geoprivpolicy-17.txt.2015 年 10 月 10 日.

[89] 陈灿祁. 我国公民个人网络信息保护的困境与出路——兼评《关于加强网络信息保护的决定》. 天府新论，2013，（6）：67-72.

[90] 全国人民代表大会常务委员会办公厅. 全国人民代表大会常务委员会关于加强网络信息保护的决定. 中国防伪报道，2013，08：112.

[91] 陈旭. 论个人信息的法律保护模式. 南京：南京师范大学硕士学位论文，2014.

[92] 廉小伟. 如何有效保护网络信息安全. 保密科学技术，2013，（1）：35-37.

[93] 刘陶，朱璇，高炽扬，等. 信息系统个人信息保护与标准化. 信息技术与标准化，2012，（z1）：18-21.

[94] 张海涛，黄慧慧，徐亮，等. 隐私保护数据挖掘研究进展. 计算机应用研究，2013，30（12）：3529-3535.

[95] 张国平，樊兴，唐明，等. 面向 LBS 应用的隐私保护模型. 华中科技大学学报：自然科学版，2010，（9）：45-49.

[96] Hoh B，Gruteser M，Xiong H，et al. Enhancing security and privacy in traffic-monitoring systems. IEEE Pervasive Computing，2006，5（4）：38-46.

[97] Krumm J. Inference attacks on location tracks. IEEE Pervasive Computing，2007，6：127-143.

[98] Hoh B，Gruteser M，Xiong H，et al. Achieving guaranteed anonymity in GPS traces via uncertainty-aware path cloaking. IEEE Transactions on Mobile Computing，2010，9（8）：1089-1107.

[99] Beresford A R，Stajano F. Mix zones: user privacy in location-aware services//2nd IEEE Annual Conference on Pervasive Computing and Communications，Orlando，FL，MAR 14-17，2004. Los Alamitos：IEEE Computer，2004：127.

[100] Freudiger J，Shokri R，Hubaux J P. On the optimal placement of mix zones//Proceedings of the 9th International Symposium on Privacy Enhancing Technologies. Berlin：Springer-verlag，2009：216-234.

[101] 杨松涛，马春光，周长利. 面向 LBS 的隐私保护模型及方案. 通信学报，2014，35（8）：116-124.

[102] Ghinita G，Damiani M L，Silvestri C，et al. Preventing velocity-based linkage attacks in location-aware applications//Acm Sigspatial International Conference on Advances in Geographic Information Systems. New York，NY：ACM，2009：246-255.

[103] Gruteser M，Hoh B. On the anonymity of periodic location samples. //Security in Pervasive Computing，Second International Conference，SPC 2005，Boppard，Germany，April 6-8，2005，Proceedings. Berlin：Springer-verlag，2005：179-192.

[104] Roth J. Inferring position knowledge from location predicates//Location-and Context-Awareness，Third International Symposium，LoCA 2007，Oberpfaffenhofen，Germany，September 20-21，2007，Proceedings. Berlin：Springer-verlag，2007：245-262.

[105] Jin W，Lefevre K，Patel J M. An online framework for publishing privacy-sensitive locationtraces//ACM International Workshop on Data engineering for Wireless & Mobile Access. ACM International Workshop on Data Engineering for Wireless and Mobile Access. New York，NY：ACM，2010：1-8.

[106] Sweeney L. K-anonymity：a model for protecting privacy. International Journal of Uncertainty，Fuzziness and Knowledge-Based Systems，2002，10（5）：557-570.

[107] Zhang H T，Huang H H，Xu L，et al. Achieving utilization of LBS anonymity datasets for third party by mining spatial association rules. Information Technology Journal，2014，13（5）：1-15.

[108] 潘晓，肖珍，孟小峰. 移动环境下的位置隐私. 计算机科学与探索，2007，268-281.

[109] Bettini C，Mascetti S，Wang X S，et al. Anonymity and historical-anonymity in location-based services//Privacy in Location-Based Applications，Research Issues and Emerging Trends. Berlin：Springer-verlag，2009：1-30.

[110] Mascetti S，Bettini C，Wang X S，et al. ProvidentHider：an algorithm to preserve historical K-anonymity in LBS//2009 Tenth International Conference on Mobile Data Management：Systems，Services and Middleware. New York，NY：IEEE Computer Society，2009：172-181.

[111] 邹永贵，张玉涵. 基于网格划分空间的位置匿名算法. 计算机应用研究，2012，29（8）：3059-3061.

[112] 牛红卫. 位置服务中查询隐私保护方法的研究. 秦皇岛：燕山大学硕士学位论文，2012.

[113] Machanavajjhala A，Gehrke J，Kifer D，et al. L-diversity：privacy beyond k-anonymity//International Conference on Data Engineering. New York，NY：IEEE，2006：24.

[114] Um J H，Jang M Y，Jo K J，et al. A new cloaking method supporting both K-anonymity and L-diversity for privacy protection in location-based service. //IEEE International Symposium on Parallel and Distributed Processing with Applications，ISPA 2009，Chengdu，Sichuan，China，10-12 August. Los Alamitos：IEEE Computer SOC，2009：79-85.

[115] Xiao Z，Xu J，Meng X. P-sensitivity：a semantic privacy-protection model for location-based services//International Conference on Mobile Data Management Workshops. New York，NY：IEEE，2008：47-54.

[116] Li N，Li T，Venkatasubramanian S. T-closeness：privacy beyond k-anonymity and L-diversity. In Icde，2007：106-115.

[117] 高莎莎. 时空 K-匿名集数据的关联规则和序列模式挖掘研究. 南京：南京邮电大学硕士学位论文，2013.

[118] 苏奋振，杜云艳，杨晓梅，等. 地学关联规则与时空推理的渔业分析应用. 地球信息科学

学报，2004，6（04）：66-70.

[119] Deogun J，Jiang L. Prediction mining-an approach to mining association rules for prediction// Rough Sets，Fuzzy Sets，Data Mining，and Granular Computing，International Conference，Rsfdgrc 2005，Regina，Canada，August 31-September 3，2005，Proceedings. Berlin：Springer-verlag，2005：98-108.

[120] Giannotti F，Pedreschi D. Mobility，data mining and privacy：geographic knowledge discovery. Berlin：Springer-verlag，2008.

[121] Giannotti F，Pedreschi D，Turini F. Mobility，data mining and privacy the experience of the GeoPKDD project. Lecture Notes in Computer Science，2009，5456：25-32.

[122] Fournier-Viger P，Faghihi U，Nkambou R，et al. CMRules：mining sequential rules commonto several sequences. Knowledge-Based Systems，2012，25（1）：63-76.

[123] Fournier-Viger P，Faghihi U，Nkambou R，et al. CMRULES：an efficient algorithm for mining sequential rules common to several sequences. //International Florida Artificial Intelligence Research Society Conference. International Florida Artificial Intelligence Research Society Conference. 2010：1-6.

[124] Fournier-Viger P，Nkambou R，Tseng S M. RuleGrowth：mining sequential rules common to several sequences by pattern-growth. SAC，2011：956-961.

[125] Fournier-Viger P，Tseng V S. Mining top-K sequential rules//Advanced Data Mining and Applications. Berlin：Springer-verlag，2011：180-194.

[126] Chui C K，Kao B，Hung E. Mining frequent itemsets from uncertain data//Pacific-Asia Conference on Advances in Knowledge Discovery and Data Mining. Berlin：Springer-verlag，2007：47-58.

[127] Bernecker T，Kriegel H P，Renz M，et al. Probabilistic frequent pattern growth for itemset mining in uncertain databases//International Conference on Scientific and Statistical Database-Management. Berlin：Springer-verlag，2012：38-55.

[128] Leung K S，Carmichael C L，Hao B. Efficient mining of frequent patterns from uncertain data// IEEE International Conference on Data Mining Workshops. New York，NY：IEEE Computer Society，2007：489-494.

[129] 徐亮. 基于匿名集时空序列规则的推理攻击方法研究. 南京:南京邮电大学硕士学位论文，2014.

[130] 刘次华. 随机过程. 第四版. 武汉：华中科技大学出版社，2008：42-49.

[131] 陆锋，刘康，陈洁. 大数据时代的人类移动性研究. 地球信息科学学报，2014，16（5）：665-672.

[132] Wanalertlak W，Lee B，Yu C，et al. Behavior-based mobility prediction for seamless handoffs in mobile wireless networks. Wireless Networks，2011，17（3）：645-658.

[133] Giannotti F，Nanni M，Pedreschi D，et al. Mining mobility behavior from trajectory data// International Conference on Computational Science and Engineering. NEW YORK，NY：IEEE Computer Society，2009：948-951.

[134] Aggarwal C C，Yu P S. Privacy-preserving data mining：models and Algorithms. New York，NY，Springer，2008：11-52.

[135] Atallah M，Elmagarmid A，Ibrahim M，et al. Disclosure limitation of sensitiverules//Knowledge and Data Engineering Exchange. New York，NY：IEEE，1999：45-52.

[136] Dasseni E，Verykios V S，Elmagarmid A K，et al. Hiding Association Rules by Using Confidence and Support. Lecture Notes in Computer Science，2001，2137：369-383.

[137] 魏晓晖. 敏感规则隐藏算法的研究. 哈尔滨：哈尔滨工程大学硕士学位论文，2010.

[138] Saygin Y，Verykios V S，Clifton C. Using unknowns to prevent discovery of association rules. Acm Sigmod Record，2001，30（4）：45-54.

[139] Pontikakis E D，Tsitsonis A A，Verykios V S. An experimental study of distortion-basedtechniques for association rule hiding//18th Annual Conference on Data and Applications Security，July25-28，2004，Sitges，Catalonia，Spain. Dordrecht：Springer，2004：325-339.

[140] Lee G，Chang C Y，Chen A L P. Hiding sensitive patterns in association rules mining. //2012 IEEE 36th Annual Computer Software and Applications Conference. New York NY：IEEE Computer Society，2004：424-429.

[141] Sun X，Yu P S. A border-based approach for hiding sensitive frequent itemsets//Proceedingsof ICDM. Los Alamitos：IEEE Computer SOC，2005，426-433.

[142] Kuo Y P，Lin P Y，Dai B R. Hiding frequent patterns under multiple sensitive thresholds// Database and Expert Systems Applications. Berlin：Springer-Verlag，2008：5-18.

[143] 黄慧慧. 动态感知敏感时空序列规则的匿名保护. 南京：南京邮电大学硕士学位论文，2015.

# 彩　　图

图 4.7　精确 1 步预测的路径

图 4.8　精确 2 步预测的路径

图 4.9　精确 3 步预测的路径

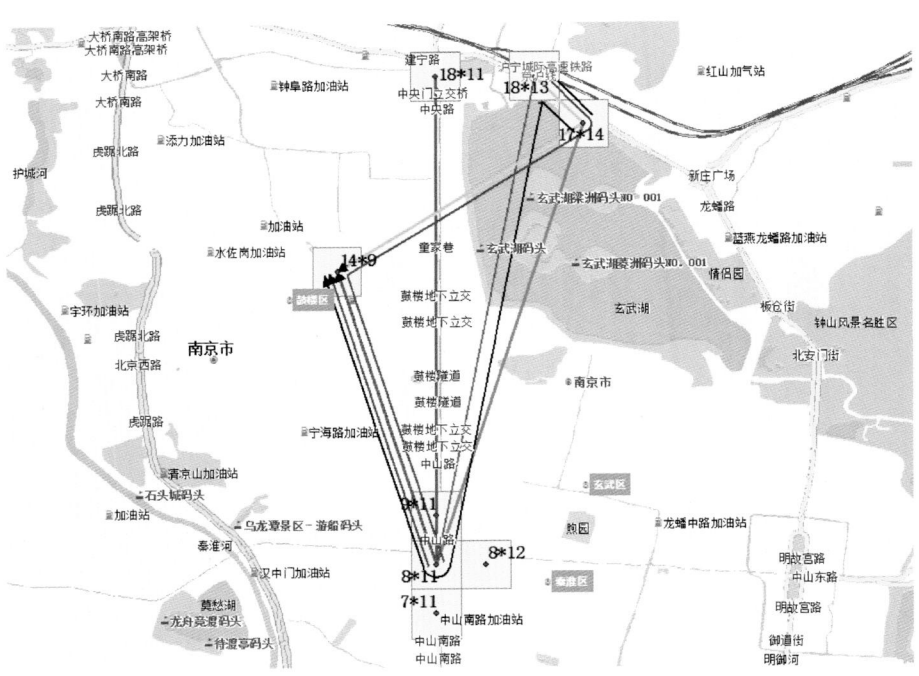

图 4.10　精确 4 步预测的路径

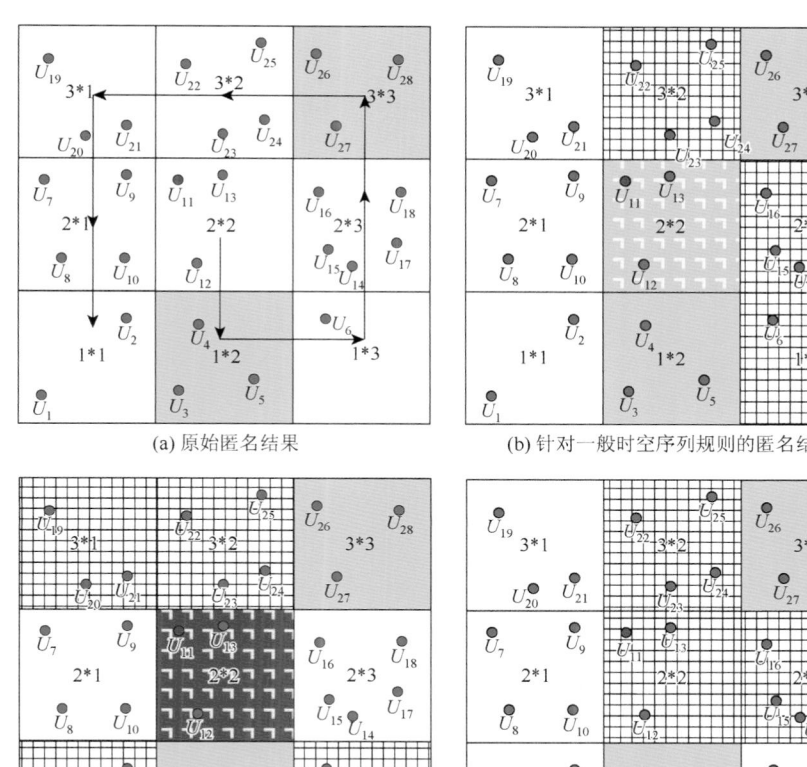

(a) 原始匿名结果

(b) 针对一般时空序列规则的匿名结果

(c) 针对敏感时空序列规则的匿名结果(敏感区)

(d) 针对敏感时空序列规则的匿名结果(普通区)

图 5.5　匿名结果

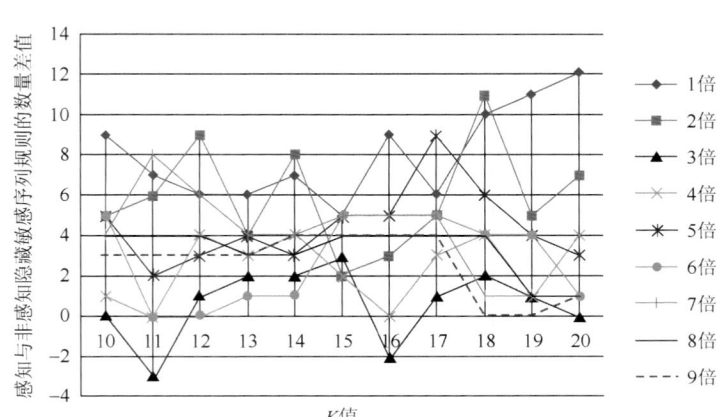

图 6.45　感知与非感知隐藏敏感序列规则的数量差值（相同过程不同 $K$ 值）

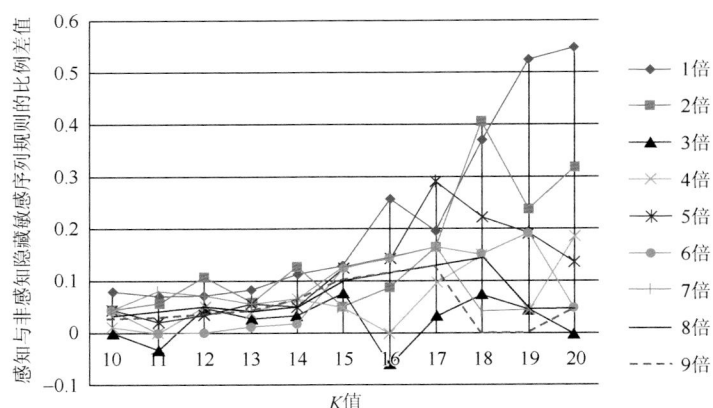

图 6.46 感知与非感知隐藏敏感序列规则的比例差值（相同过程不同 $K$ 值）

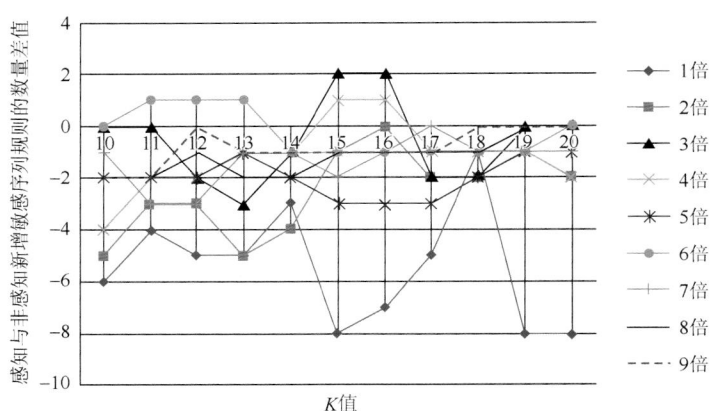

图 6.47 感知与非感知新增敏感序列规则的数量差值（相同过程不同 $K$ 值）

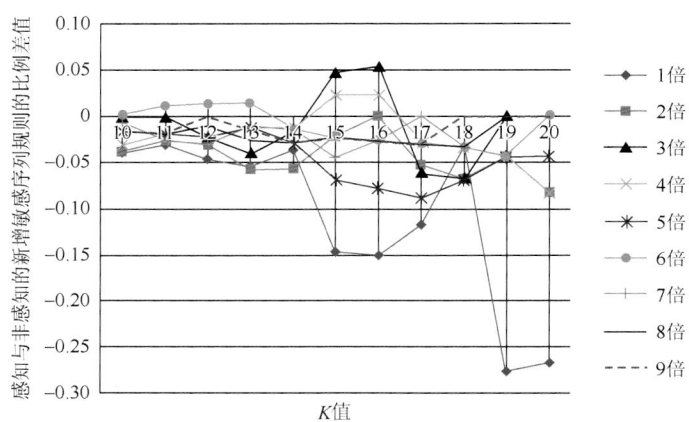

图 6.48 感知与非感知的新增敏感序列规则的比例差值（相同过程不同 $K$ 值）